Gemma Marfany

El efecto CSI
La genética forense en el s. XXI

UNIVERSITAT POLITÈCNICA
DE CATALUNYA
BARCELONATECH

UPC

HYPERION
Manuales de supervivencia científica para el siglo XXI
Coordinador: Jordi José

Primera edición: julio de 2010

Diseño gráfico de la colección: Tono Cristòfol
Maquetación: Tallers Gràfics Alemany

Imagen de la cubierta: Tim Brown

©   Gemma Marfany Nadal, 2010

©   Edicions UPC, 2010
           Edicions de la Universitat Politècnica de Catalunya, SL
           Jordi Girona Salgado 31, Edifici Torre Girona, D-203, 08034 Barcelona
           Tel.: 934 015 885   Fax: 934 054 101
           Edicions Virtuals: www.edicionsupc.es
           E-mail: edicions-upc@upc.es

Producción: Lightning Source

Depósito legal: M-28561-2010
ISBN: 978-84-9880-419-5

ÍNDICE

I

EQUIPAJE GENÉTICO BÁSICO PARA UN AVENTURERO FORENSE

1. EL GENETISTA

El inicio de los cuentos infantiles forma ya parte de nuestra cultura y constituye todo un ritual. Basta con oír tres palabras: «Érase una vez...», para que inmediatamente nuestra percepción de la historia que va a ser contada cambie de reino, de la realidad a la fantasía. Este libro trata sobre ciencia, podríamos decir que en las antípodas de la literatura fantástica, y sin embargo, podría comenzar con un «Érase una vez», pero de igual forma podría empezar con un «A día de hoy» o «En un futuro cercano», porque aun perteneciendo al dominio real, lo que pretendo es embarcarles en una aventura. La aventura de comprender, de entender y de avistar las dificultades que entraña ahondar en el mayor de los misterios: quiénes somos.

Antes de embarcarse en una aventura, uno debe cerciorarse de quién es su compañero de viaje. Bueno es reconocer que aprender y enseñar no deja de ser una aventura a dos bandos, ya que a fin de cuentas, no hay transmisor sin receptor. Podríamos empezar con una pregunta aparentemente simple ¿qué es un genetista? La respuesta de manual es categórica: genetista es quien se dedica al estudio de la Genética, lo cuál convierte el problema en definir qué es la Genética. Una respuesta un poco más elaborada diría que genetista es quien investiga y analiza la herencia del material genético o ADN (una simplificación permisible, ya que la gran mayoría de organismos tiene como material genético ADN). O lo que es lo mismo, un genetista analiza cómo y por qué los individuos se reproducen, bien haciendo copias de sí mismos (como hacen las bacterias, entre otros muchos organismos), bien produciendo descendencia que, sin ser idéntica, es muy, muy similar a los progenitores (como hacemos los humanos y los organismos con reproducción sexual). Bien, ya hemos establecido qué estudia un genetista. Pero, entonces, ¿qué es un genetista forense? La idea que uno tiene a priori, en parte debido al adjetivo «forense» y, en parte, alimentada a través de numerosas series televisivas con gran éxito de audiencia, es que un forense es un investigador criminalista, que resuelve «casi» milagrosamente casos penales a través del análisis de ADN obtenido a partir de muestras casi inverosímiles. Evidentemente, esta es claramente una de sus posibles atribuciones profesionales, pero el genetista forense es, por encima de todo, un genetista, un científico que utiliza técnicas de análisis genético para determinar a quién pertenece un material genético (ADN) concreto, o dilucidar si hay relación de parentesco entre dos individuos. Y estas técnicas son tan útiles para determinar a quién pertenece una mancha de sangre, encontrada en el lugar donde se ha cometido un asesinato, o a quién pertenecen los restos humanos encontrados en el incendio de un avión, como para establecer relaciones de paternidad. El pasado, el presente y el futuro pueden mezclarse, integrarse, y sus límites, devenir difusos. Puede determinarse con certeza la relación de parentesco entre restos humanos de hace miles de años con hombres que viven hoy en día en la misma región, pueden exhumarse momias y esqueletos para establecer su linaje real, incluso identificar su nombre, tras uno, cien o miles de años. Puede verificarse el pedigrí de perros y caballos de raza, averiguar el parentesco de cepas varietales productoras de vino, o de cepas de levaduras protegidas por patentes. Así, el análisis genético puede, con igual certeza, tanto identificar violadores y momias, asesinos y reyes, padres e hijos, viñas y sementales, como llegar a decirnos si somos portadores de mutaciones en genes causantes de enfermedades o si poseemos alelos (variantes de la secuencia de ADN) que incrementen el riesgo de padecer una enfermedad neurodegenerativa (algo que reservaremos para otro manual).

Y ésta es la gran aventura que aquí emprendemos. Somos sus protagonistas. Pero como toda aventura, necesita preparativos cuidadosos, un buen mapa y herramientas fiables y, ¿cómo no?, un poco de coraje. La pasión del descubrimiento lo vale. Bienvenidos.

2. EL ADN FORENSE. PRINCIPIOS BÁSICOS

Para entender el análisis genético forense se requiere un mínimo cuerpo de conocimientos que deben ser adquiridos previamente. En esta primera parte del libro expondremos de forma resumida y a manera de recordatorio estos conceptos básicos, tanto genéticos como jurídicos y estadísticos. Para los entusiastas o curiosos de la genética, o simplemente para incrementar los conocimientos sobre genética, hay toda una sección complementaria dedicada a estos conceptos al final del libro, y allí se tratan con más detalle y profundidad (sección VII- apartados 25 al 32). Según el grado de conocimiento del lector sobre genética, sería recomendable consultar las referencias referencias de los apartados indicados, así como el glosario. Tras esta sección inicial, hay una serie de secciones con casos concretos que ilustran diversos aspectos de los que se han expuesto en los apartados iniciales, seleccionados y ordenados según su temática, su interés histórico o su actualidad (en el momento de la publicación de este libro). Prodrían haber sido muchos otros, pero estos son los que han despertado mi curiosidad o me han acompañado en la docencia. Material hay para muchos libros.

De momento, pues, empecemos por refrescar la memoria...

Para empezar, el ADN es el material genético de un organismo, esto es, el ADN es el manual de instrucciones necesario para generar un organismo. La información contenida en el ADN es lo que los genetistas denominamos *genotipo*, pero sólo la lectura y ejecución de este manual de instrucciones, junto con la interacción del ambiente, dará lugar al organismo con todas sus características, lo que los genetistas denominamos *fenotipo*. El ADN está constituido por nucleótidos, y éstos se diferencian entre sí por uno de sus componentes, las bases nitrogenadas. Existen cuatro bases distintas en el ADN: A (adenina), T (timina), C (citosina) y G (guanina). Estas bases son las letras del lenguaje genético, y su secuencia en el ADN determina la información genética, de forma similar a como las letras de una lengua no tienen significado por sí mismas, sino que adquieren sentido cuando se unen para formar palabras y frases. (Para más detalle, leer apartados 25, 26 y 27). El ADN suele ser de doble cadena y adopta la conocida conformación de doble hélice.

¿Dónde se encuentra el ADN? Los organismos eucariotas (entre los que se encuentran hongos, vegetales y animales) estamos formados por células que poseen núcleo, que es donde se encuentra la mayor parte del ADN, y citoplasma, donde tienen lugar la mayor parte de funciones celulares. En el núcleo, el ADN se encuentra organizado y empaquetado en moléculas independientes, que llamamos *cromosomas*. Sin embargo, también existe información genética (aunque poca y restringida) en componentes citoplasmáticos de las células, es decir, en otros orgánulos, como son las mitocondrias. Así pues, en las células de un ser humano (o de un organismo animal o vegetal, para el caso), la mayor parte del ADN se encuentra en el núcleo, pero también existe una ínfima parte de la información genética que se encuentra en el ADN contenido en las mitocondrias.

Respecto al ADN nuclear, los humanos tenemos 46 cromosomas que están organizados en 22 pares de cromosomas autosómicos (iguales dentro de cada par y numerados del 1 al 22) más un último par de cromosomas, el par 23, cuya combinación determina el sexo del individuo y por ello se denominan *cromosomas sexuales*. En mamíferos, hay dos crosomosomas sexuales distintos, el cromosoma X y el cromosoma Y. El cromosoma X es un cromosoma de considerable longitud y contiene muchos genes, es decir, mucha información importante para la formación del individuo. En cambio, el cromosoma Y, más pequeño, contiene pocos genes, pero los que hay son muy relevantes, ya que determinan el sexo

1 / Esquema de la estructura del ADN en doble hélice, indicando que el ADN está constituido por la unión de muchos nucleótidos. Las bases nitrogenadas –que pueden ser de cuatro tipos: adenina, timina, guanina y citosina– se localizan en el interior, mientras que el esqueleto de azúcar fosfato está orientado hacia el exterior. Como el ADN tiene dos cadenas o hebras, cada posición presenta un par de bases complementarias.

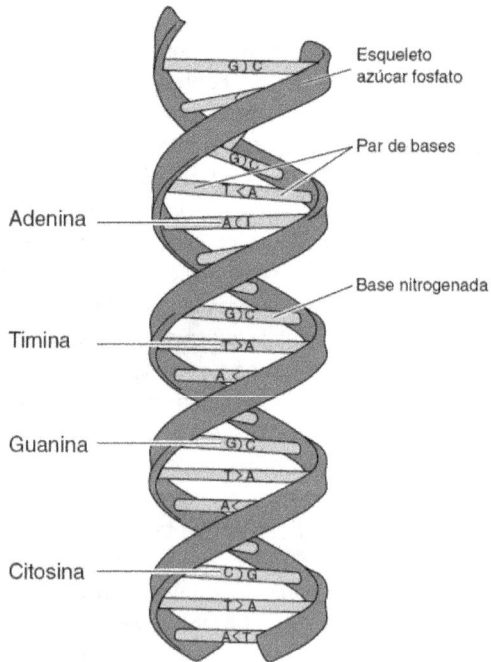

Esqueleto azúcar fosfato

Par de bases

Adenina

Timina

Base nitrogenada

Guanina

Citosina

masculino. Excepto en condiciones muy excepcionales, en los humanos un genotipo con dos cromosomas X determina sexo femenino (XX), mientras que el genotipo con un cromosoma X y uno Y (XY) determina sexo masculino (leer apartados 30 y 31).

Nuestro ADN nuclear cromosómico (y para el caso, el de cualquier organismo con reproducción sexual, animales, plantas, incluso algunos organismos unicelulares) procede de nuestros parentales: la mitad de nuestra madre y la mitad de nuestro padre. En la fecundación se forma un cigoto, es decir, la primera célula inicial que contiene la información genética de un nuevo individuo. El cigoto se forma tras la unión de un óvulo (célula gamética femenina) y un expermatozoide (célula gamética masculina). Estas células gaméticas se forman tras una división reductora que los genetistas denominamos *meiosis*, en la que, de cada par de cromosomas, la célula gamética (un óvulo o un espermatozoide) sólo hereda uno, es decir, hereda sólo un cromosoma 1, un cromosoma 2, un cromosoma 3... Por tanto, el cigoto recibe para cada par, un cromosoma del óvulo y otro del espermatozoide. Así, para cada par de cromosomas autosómicos (cromosomas 1 al 22) del cigoto, un cromosoma es de origen paterno y el otro, materno. De igual forma, para los cromosomas sexuales, el cigoto hereda un cromosoma del padre y el otro de la madre. Como las madres tienen dos cromosomas X, sus óvulos sólo pueden heredar un cromo-

2/ Cariograma humano, con 22 pares de cromosomas autosómicos y dos cromosomas sexuales (XX o XY)

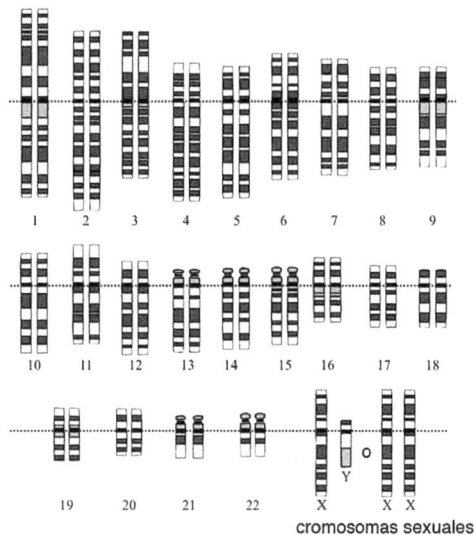

1   2   3   4   5   6   7   8   9

10   11   12   13   14   15   16   17   18

19   20   21   22   X   X X

cromosomas sexuales

soma X. En cambio, si consideramos los espermatozoides, dado que los hombres tienen un cromosoma X y un Y, los espermatozoides pueden recibir bien el cromosoma X, o bien el Y. Así, pues, si el espermatozoide que fecunda un óvulo contiene un cromosoma X, dará lugar a un cigoto hembra (con dos cromosomas X, el proporcionado por la madre y el proporcionado por el padre), mientras que si el espermatozoide que fecunda un óvulo contiene un cromosoma Y, se obtendrá un cigoto de sexo varón (con un cromosoma X, el proporcionado por la madre, y un cromosoma Y, el proporcionado por el padre).

De toda esta parte introductoria podemos deducir una certeza científica crucial para la genética forense: un determinado individuo comparte la mitad de su ADN cromosómico con su madre y la otra mitad con su padre, y además, transmitirá a sus descendientes, tras la correspondiente meiosis, la mitad de su ADN (un cromosoma de cada par). Este principio es el más utilizado en todas las pruebas de paternidad, o incluso, en los de identificación genética, en aquellos casos en que las únicas muestras de ADN comparables son las del ADN de los progenitores o las de los hijos. De ahí también se deduce que, si cada hijo comparte con cada uno de sus padres la mitad de su ADN, entonces, dos hermanos entre sí deben compartir, de promedio, la mitad de su material genético (50%), y que un nieto, respecto a sus abuelos, debe compartir, de promedio, un 25% de su ADN. Y así, sucesivamente, se pueden establecer parentescos genéticos con tíos, primos... (si no se ha consultado todavía, el apartado 30 es muy recomendable en este punto).

¿Cómo podemos detectar la herencia de cada cromosoma? Mediante secuencias que son variables en la población. Las secuencias de ADN mutan, es decir, cambian. El nombre genérico de un cambio en el ADN se denomina *mutación*. Las mutaciones pueden ser patogénicas cuando el ADN cambia su secuencia y este cambio provoca un cambio en las características que presenta un individuo (fenotipo) de tal manera que se causa una enfermedad. Sin embargo, también existen muchos cambios que, o no causan efecto alguno en el fenotipo, o bien son detectables pero no causan ninguna enfermedad. En este caso y para diferenciarlos de las mutaciones patogénicas, los denominamos *polimorfismos* (del griego, muchas formas). Una gran cantidad del ADN, cerca del 97% en el ADN humano, no codifica para genes ni funciones concretas y, por tanto, no se refleja en el fenotipo. Así pues, la mayor parte de cambios genéticos (variabilidad genética) no recae en regiones que afecten al fenotipo. Estos polimorfismos están distribuidos en la población sin ningún tipo de selección ni a favor ni en contra (al menos, a *priori*). Existen técnicas que permiten la detección de estos cambios o polimorfismos. Así pues, si es-

SNP1

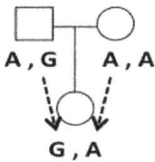

3/ Esquema de un pedigrí y herencia de un marcador genético (para una determinada posición, existen dos alelos posibles: la secuencia de ADN puede ser A, o bien G). El sexo masculino se representa por un cuadrado, mientras que el femenino se simboliza por un círculo. Esta pareja ha tenido una hija. Para este polimorfismo, el padre es heterocigoto para los alelos A y G; la madre es homocigota para el alelo A. La hija ha heredado un alelo G del padre y un alelo A de la madre (simbolizado por flechas), por lo que también es heterocigota A, G (el orden de enumeración de los alelos no es relevante).

tudiamos estos polimorfismos y dado que tenemos dos cromosomas para el mismo par (cromosomas homólogos) podemos tener la misma secuencia en la misma posición, o poseer dos variantes distintas. Cada una de estas variantes recibe el nombre de alelo (para más detalle, leer apartados 28 y 29).

Cuando un individuo presenta la misma secuencia en ambos cromosomas homólogos para una mutación o polimorfismo, es decir, presenta el mismo alelo, se dice que el individuo es *homocigoto*. Si el individuo que estudiamos presenta secuencias distintas (alelos diferentes) en ambos cromosomas, se dice que el individuo es *heterocigoto*. Como ejemplo, supongamos un polimorfismo en una posición del ADN. Supongamos que este polimorfismo implica que en una posición pueden existir dos letras del ADN: o T o C. Eso implica que podemos ser homocigotos TT (tanto de padre como de madre hemos recibido un cromosoma con el alelo que en esa posición tenía una T), homocigotos CC (tanto de padre como de madre hemos recibido un cromosoma con el alelo que en esa posición tenía una C), o bien ser heterocigotos CT (en ese caso, de un parental hemos recibido un alelo C y del otro, un alelo T. En este último caso, supongamos que la madre es CT, y el padre TT. Entonces del padre forzosamente hemos recibido el alelo T, ya que no tiene otra secuencia, mientras que de la madre tenemos que haber recibido el alelo C).

Existen diversos tipos de polimorfismos que pueden ser analizados en genética forense y que se denominan con el término genérico de *marcadores genéticos*. El caso de variación en una única posición nucleotídica, como el que acabamos de exponer, se denomina *SNP*. Actualmente, los marcadores genéticos más relevantes para la genética forense son los microsatélites, repeticiones en tándem de secuencias pequeñas de ADN (por ejemplo: CACACACACACACA, en que la unidad de repetición es la secuencia CA). Los microsatélites están distribuidos por todos los cromosomas y normalmente se localizan en regiones que no codifican para genes, con lo que su variación no se observa más que en el genotipo. Los alelos de un determinado microsatélite se diferencian en el número de repeticiones.

En general, los microsatélites son muy polimórficos, ya que en la población se presentan múltiples alelos con distinto número de repeticiones, por ellos se dice que son marcadores genéticos muy informativos, siendo la informatividad un reflejo de la baja probabilidad de que dos individuos compartan el mismo genotipo. En cambio, un marcador para el que sólo haya dos alelos tiene una menor informatividad. (Para mayor detalle, leer apartados 29 y 30.)

Además, no debemos olvidar que existen cromosomas que se heredan con patrones distintos. Tal y como hemos comentado, el cromosoma Y determina el sexo masculino. El cromosoma Y es heredado estrictamente de forma paternofilial, es decir, se transmite directamente de padres a hijos varones. Por tanto, todos los varones de un mismo linaje relacionados por vía paternofilial comparten el mismo cromosoma Y. Por ejemplo, un abuelo comparte el mismo cromosoma Y de un nieto a través de su hijo varón. Y dos primos hermanos varones, hijos de dos hermanos varones, comparten también el mismo cromosoma Y. Así sucesivamente, se pueden establecer patrones de herencia paternofilial de cromosoma Y en muchas generaciones. Este dato genético es de especial relevancia, como veremos, en estudios de migraciones humanas, de ancestralidad indígena, pero también de paternidad o relaciones de parentesco (leer apartado 31).

Por último, pero no menor en importancia, y como hemos comentado, existe la herencia del ADN que no está en el núcleo. En animales, la herencia extranuclear o citoplasmática se encuentra en las mitocondrias, siendo éstas los orgánulos celulares encargados de obtener energía mediante el proceso de respiración celular. En una célula hay miles de mitocondrias. Así pues, aun cuando el ADN contenido en una mitocondria representa una ínfima cantidad respecto del ADN nuclear, el análisis del ADN mitocondrial (ADNmt) presenta una serie de características distintivas respecto el análisis del ADN nuclear que lo hacen material genético de elección en algunos análisis forenses.

En primer lugar, en cada célula existen varias copias (de hecho, del orden de millares) del ADNmt, mientras que sólo hay una copia de ADN nuclear (por tanto, miles de cromosomas de ADNmt *versus* cada par de cromosomas homólogos del ADN nuclear), con lo que en muestras degradadas o fósiles, el ADNmt suele ser el ADN de elección para analizar, ya que es más probable que quede alguna copia. Finalmente, en el cigoto las mitocondrias proceden del óvulo (la aportación de mitocondrias por parte del espermatozoide es casi nula), por lo que el ADNmt se transmite por vía estrictamente maternofilial. Así, por ejemplo, todos los individuos unidos por lazos maternofiliales comparten el mismo ADN: una abuela comparte el mismo ADN que todos los nietos de todas sus hijas, o por ejemplo, todos los hijos de una misma madre tienen el mismo ADNmt, independientemente de su sexo, o todos los primos hermanos hijos de hermanas tienen el mismo ADN mitocondrial, y así sucesivamente, siempre por vías maternofiliales). Esta información también es muy relevante en ADN forense, tanto para el análisis de muestras extremadamente degradadas o de ADN fósil, como también en el estudio de linajes maternofiliales y en pruebas de parentesco genético (leer apartado 31).

De modo que, mediante la determinación de secuencias variables en el ADN, podemos tanto identificar individuos como establecer relaciones

4/ Imagen de la información genética contenida en una célula. El ADN nuclear está organizado en cromosomas (en los que se indican distintas regiones: el centrómero y los dos telómeros o extremos cromosómicos). El cromosoma se acaba de duplicar y tiene dos cromátidas hermanas, que son idénticas. Cada una de ellas será heredada por una célula hija. Las células también poseen información genética en las mitocondrias, localizadas en el citoplasma. La célula tiene de centenares a miles de mitocondrias (sólo se dibujan unas cuantas y su tamaño no está a escala) y cada mitocondria contiene varias copias de ADNmt en su interior.

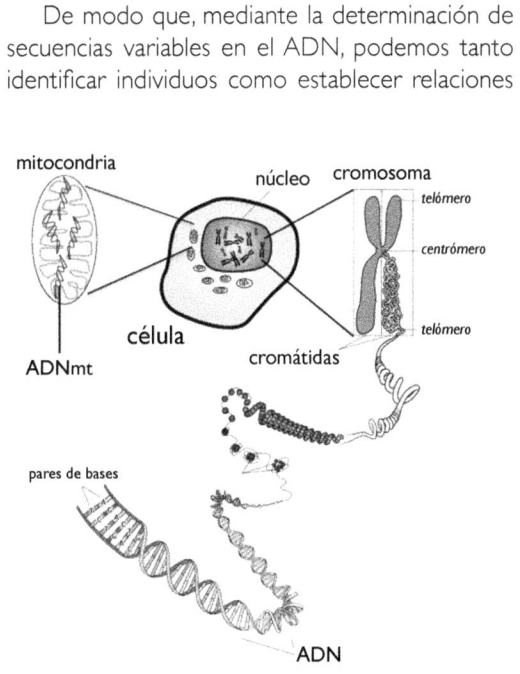

mitocondria
núcleo   cromosoma
telómero
centrómero
célula
ADNmt
cromátidas
telómero
pares de bases
ADN

de parentesco. ¿Cómo? Si se realizan análisis de identificación genética, se busca concordancia total en los marcadores genéticos analizados. Nunca se analiza un único marcador, sino que se analizan muchos. La probabilidad de que otro individuo de la población comparta la misma combinatoria genética para un marcador viene determinada por la frecuencia de cada alelo obtenido en la población estudiada. Pero cuando se analizan muchos marcadores, la probabilidad de que otro individuo de la población comparta todo el genotipo analizado disminuye drásticamente, ya que cada marcador tiene una probabilidad independiente y, por tanto, la probabilidad de cada genotipo se multiplica, obteniéndose una probabilidad mucho menor que para un sólo marcador. Para los casos de paternidad, sólo se espera coincidencia para la mitad de marcadores. Si, además, se combina con el genotipo materno, toda secuencia de un individuo debe proceder de una secuencia de padre y otra de madre. Si no, no existe concordancia o compatibilidad. (Para mayor detalle, leer apartado 30, aunque este tema también se tratará en el apartado 4.)

El análisis forense se basa en este cálculo estadístico de probabilidades condicionadas, como se verá ampliamente cuando se expongan algunos de los casos de genética forense más famosos o más curiosos...

Pero primero, averigüemos cómo se obtiene y se analiza el ADN de muestras biológicas.

RECORDAR:

- La información genética de los individuos está contenida en el ADN, y constituye su genotipo. Las características finales, o fenotipo, dependen de la interacción del genotipo y el ambiente.

- El ADN está formado por la unión de nucleótidos Existen 4 nucleótidos distintos, según su base nitrogenada: A (adenina), G (guanina), C (citosina), y T (timina). La secuencia de las bases en la cadena es la que contiene la información genética (de forma similar a la unión de letras para formar palabras en nuestra lengua). Se han desarrollado técnicas para obtener la secuencia de cualquier ADN.

- En nuestras células tenemos ADN en el núcleo, pero también en las mitocondrias. El ADN nuclear en humanos está organizado en 23 pares de cromosomas: 22 cromosomas homólogos y un par de cromosomas sexuales, el cromosoma X y el cromosoma Y. Heredamos la mitad de nuestro ADN nuclear de cada parental: la mitad de padre y la mitad de madre.

- Se producen cambios al azar en la secuencia del ADN que son heredables. Estos cambios se llaman mutaciones, aunque este término se suele reservar para aquellos cambios que tienen un efecto sobre el fenotipo. Si los cambios no afectan al fenotipo se denominan polimorfismos o también marcadores genéticos, y son muy útiles para el análisis forense si tienen una determinada frecuencia en la población. Cada variante de la mutación o del polimorfismo se denomina alelo.

- Existen muchos tipos de marcadores genéticos, pero el más utilizado por el momento en la Genética Forense son los microsatélites. Analizando el genotipo de microsatélites y conociendo la frecuencia de cada alelo en la población se pueden establecer estudios de identificación genética, o de paternidad y parentesco.

- El cromosoma Y se transmite de padres a hijos varones, por vía estrictamente paterno-filial. El cromosoma Y permite establecer parentescos por vía masculina.

- Existe ADN en las mitocondrias, el cual se hereda a través de las mitocondrias que se encuentran en el citoplasma de los óvulos. Todos los hijos de una misma madre tienen las mismas mitocondrias, y éstas han sido transmitidas por vía materno-filial femenina. Las mitocondrias permiten establecer parentescos por vía femenina.

_____

3. LAS PRUEBAS FORENSES. ¿DÓNDE SE ESCONDE EL ADN?

El genetista trabaja con las diferencias (variantes de secuencia, también denominadas polimorfismos o marcadores genéticos) que presenta el ADN, por tanto, debe primero extraer ADN de cualquier muestra obtenida que pueda contener material genético. ¿Dónde está el ADN? Como hemos comentado las células de todo organismo contienen información genética en su núcleo. Esto quiere decir que cualquier resto humano que contenga células nucleadas puede servir para obtener ADN y analizarlo. Así, los materiales más comunes de los que se obtiene ADN en un laboratorio forense son: sangre (se obtienen de las células blancas, o leucocitos, que tienen núcleo, a diferencia de los eritrocitos o células rojas, las cuáles al ser enucleadas, no contienen ADN nuclear), semen (los espermatozoides son básicamente un núcleo con una cola, con lo que el semen es una material muy rico en ADN), piel, caspa, pelos con raíz (los pelos están formados por la proteína queratina, la cual es producida en las células de la raíz, donde se encuentra el núcleo con el ADN), dientes y huesos (que contienen en la raíz y el tuétano las células formadoras de hueso, así como vasos sanguíneos y nervios). Incluso se puede extraer ADN de humores como la saliva o el sudor, o heces, ya que pueden contener células epiteliales (que se desprenden de la mucosa bucal, la piel o la mucosa intestinal, respectivamente).

Las pruebas periciales pueden catalogarse según su objetivo. Las hay orientativas (para asegurar de qué tipo de muestra se trata), como por ejemplo las pruebas con luminol o fenolftaleína para orientar que la muestra corresponde a sangre; las hay de certeza, como por ejemplo la visualización de espermatozoides en el microscopio para asegurar de que se trata de semen; y específicas, en nuestro caso, pruebas de determinación de marcadores de ADN.

No todas las muestras contienen la misma cantidad de ADN, ni la extracción se puede realizar con la misma facilidad, por ejemplo: la extracción de ADN de semen, sangre y células epiteliales es muchísimo más eficiente que la de huesos y dientes. Existen protocolos específicos para cada caso, aunque en general la mayoría de protocolos se pueden dividir en varios pasos: extracción y purificación de ADN, cuantificación de ADN, genotipado (actualmente por la técnica de PCR, pero depende del marcador escogido las técnicas son variables, para más información, leer apartado 32) e interpretación de resultados. Existen técnicas tan potentes que permiten la obtención y análisis de muestras muy limitadas, incluso de muestras degradadas o fósiles. Estas técnicas necesitan numerosos controles internos, ya que este incremento de sensibilidad se ha conseguido a cambio de un incremento en vulnerabilidad. Las muestras pueden ser contaminadas y producir resultados falsos, que no son percibidos si no se efectúan los controles correspondientes. Sólo técnicos muy cualificados pueden llevar a cabo estos análisis.

¿Cuánto se tarda en obtener estos resultados? Definitivamente, mucho más que los escasos minutos que parecen tardar en las series televisivas, donde los detectives frecuentemente comentan: «Me quedo aquí hasta que salgan los resultados»...

La interpretación de los resultados tampoco es banal. Como toda técnica sofisticada, requiere de un criterio sólido para escoger exactamente el tipo de análisis genético (marcadores de ADN mitocondrial, del cromosoma Y, o el genotipado de todos los cromosomas), del establecimiento de numerosos controles internos para comprobar la validez y repetitividad de la técnica, así como de conocimientos amplios del forense para interpretar y argumentar los resultados.

RECORDAR:

- El ADN se encuentra en el interior de las células que se encuentran en las muestras biológicas. Se puede obtener ADN de muestras de sangre, pelo con raíz, restos de piel y mucosas, fluidos corporales secretados (sudor, saliva, orina, heces), huesos dientes…

- No todas las muestras son igualmente tratables ni se puede extraer ADN con la misma facilidad. Existen protocolos específicos para obtener el ADN de cada tipo de muestra, incluso aún cuando ésta pueda ser fósil o encontrarse degradada.

- Se utilizan técnicas de amplificación de ADN que son muy potentes y se requieren numerosos controles internos de calidad en el proceso. Los resultados han de ser repetitivos y contrastables y su interpretación debe ser rigurosa.

---

4. ESCOLLOS Y BRÚJULAS: CONCEPTOS ESTADÍSTICOS Y JURÍDICOS BÁSICOS

Dado que la asignación genética suele ser robusta y fiable, y que las técnicas actuales de un laboratorio forense son muy potentes y pueden obtener ADN a partir de muestras mínimas, es particularmente relevante ejercer un estricto control de las pruebas, de forma que éstas no sean contaminadas de forma deliberada o circunstancial. La recogida y el análisis de muestras ha de ser realizado por personal con la adecuada capacitación, y además, las muestras, debidamente etiquetadas, deben estar en todo momento bajo vigilancia y sin acceso público, para así mantener intacta la cadena de custodia. Si ésta es quebrantada, los resultados obtenidos quedan invalidados y no pueden ser utilizados como pruebas periciales en un juicio. Uno de los casos más famosos en que se rompió la cadena de custodia fue en el juicio de O. J. Simpson (una estrella mediática del fútbol americano) por el homicidio de su exmujer y su amante (ver apartado 11). Los datos de ADN que identificaban a O. J. Simpson como «donante» de los restos biológicos (es decir, el ADN era compatible con Simpson, con elevadísima probabilidad estadística), hallados en el arma homicida, fueron desestimados por considerarse que no podía descartarse una contaminación premeditada para lograr la imputación del jugador, independientemente de que existía un móvil claro, antecedentes de violencia doméstica y no existía coartada. El caso quedó sin resolver y pertenece ya a los anales de la historia de la ciencia forense.

Por otra parte, uno de los principales problemas en los inicios de la aplicación de la genética forense a pruebas periciales de casos judiciales fueron las diferencias semánticas entre el lenguaje científico y el lenguaje jurídico. Por ejemplo, las diferencias de apreciación en términos sencillos, como «certeza» y «error», que adquieren significados distintos en ciencia o en leyes. Este escollo, muy relevante en su momento, se superó cuando los especialistas de ambos campos (técnicos periciales, genetistas, abogados, jueces...) aprendieron a comunicarse en un lenguaje común. Sin embargo, vale la pena incidir en algunos de estos términos y conceptos.

Toda técnica tiene un error asociado, que puede ser muy pequeño, pero que es cuantificable. De igual manera, los cálculos estadísticos basados en varios datos, por precisos que sean, siempre van acompañados de una probabilidad de error. Esto es aceptado como la norma en ciencia, ya que no existe el término de certeza absoluta, sino de certeza racional. En la genética forense se deben tener en cuenta dos tipos de errores: los asociados a la técnica en sí, y los asociados al cálculo estadístico en la asignación del genotipo. Pongamos un ejemplo, supongamos que tenemos un caso de identificación genética, en el que la probabilidad de que la muestra no pertenezca a un determinado individuo es de 10^{-6} (es decir, una probabilidad de error de 1 entre 1 millón). Esto no quiere decir que exista una duda razonable de que la muestra no sea de ese individuo, sino al contrario, que existe una certeza racional de que esa muestra pertenece a ese individuo, con un error mínimo. Sólo para tener una referencia para comparar: el error promedio asociado al reconocimiento visual es del 50%. Es decir, aquellas personas que en un juicio aseguran con toda su alma que han reconocido a una determinada persona cometen de promedio un error cada dos reconocimientos, aun cuando su certeza subjetiva les convenza de que llevan razón, y un jurado, muy probablemente, considere esa certeza subjetiva como certeza real. Un científico, en cambio, nunca parte de una certeza subjetiva, sino de un valor objetivo en el que apoyar sus conclusiones con su correspondiente probabilidad estadística de error, que puede ser ínfimo, pero del que es plenamente consciente. En algunos de los primeros casos forenses, se descartaron evidencias genéticas claras con el sofisma de que si existía un error asociado conocido, aunque fuera pequeño, las dudas sobre la conclusiones presentadas eran razonables, dándose la circunstancial paradoja de aceptar como válidas declaraciones orales, con un error asociado muchísimo mayor, pero no reconocido.

Existen además, otros términos utilizados en el ámbito forense que pueden presentar confusión para los no iniciados. Como, por ejemplo, la coincidencia (en identificación genética) o compatibilidad/inclusión (en las pruebas de paternidad) y sus términos antónimos, de no coincidencia o incompatibilidad/exclusión. También es necesario comprender lo que implica el valor estadístico asociado a estos conceptos. Empecemos por un caso sencillo.

Cuando se realizan pruebas genéticas de paternidad/maternidad, se busca compatibilidad de los alelos, es decir, el descendiente tiene la mitad de su ADN de origen paterno y la otra mitad de origen materno, por tanto el genotipado de cualquier marcador en un individuo debe ser explicado por los alelos de presencia materna y paterna. Si una persona para un determinado marcador microsatélite presenta un alelo de 16 y otro de 12 repeticiones (a partir de ahora, alelo 16 y alelo 12), sus padres deben poseer uno de los dos alelos: un parental ha de haberle proporcionado el alelo 16 y el otro, el 12. Si ninguno de los padres tiene un alelo 16 o un alelo 12, no hay coincidencia y probablemente ninguno de los dos sean sus padres biológicos. Si uno de los padres tiene el alelo 16, pero el otro no posee el 12, hay coincidencia para el primer parental y no coincidencia para el segundo. ¿Cuál sería un caso de coincidencia o compatibilidad? Por ejemplo, si la madre tiene 16 y 10 repeticiones y el padre 12 y 10, habría compatibilidad, ya que la madre le podría haber proporcionado el alelo 16 y el padre, el 12. Si ambos padres sólo presentaran uno de los alelos, por ejemplo ambos tuvieran el alelo 16 pero ninguno de ellos el alelo 12, uno de los parentales no sería compatible y habría que mirar más marcadores para dilucidar cuál de ellos sería. Cuando no hay coincidencia o compatibilidad entre marcadores, se dice que ese posible progenitor (normalmente el padre, que es el que suele dudar ante una paternidad, pero no siempre) queda excluido como padre biológico de esa persona. Como esto no se hace para un sólo marcador, sino para varios, el valor de exclusión se incrementa y puede ser cuantificado. De igual forma, si hay coincidencia y compatibilidad, se dice que el posible progenitor queda incluido.

La exclusión es siempre mucho más directa que la inclusión, ya que el significado estadístico de la inclusión depende del número de marcadores analizados. Si sólo se mira un marcador, la probabilidad de que otra persona comparta un alelo con el hijo es muy alta (por ejemplo en el caso anterior, cualquier varón con un alelo de 12 repeticiones podría ser compatible genéticamente con el descendiente analizado). Pero si miramos muchas posiciones distintas, la probabilidad disminuye drásticamente. Supongamos que la frecuencia del alelo de 12 repeticiones es del 10% de la población, pero para otro marcador que hemos analizado, la frecuencia

5/ Ejemplos que muestran el uso de marcadores microsatélite en pruebas de paternidad, con resultado de posible exclusión o inclusión de los progenitores. La coma separa los dos alelos. El número entero indica la repetición característica de cada alelo.

Exclusión paterna

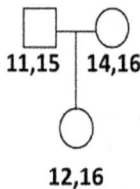

| 11,15 | 14,16 |

12,16

Inclusión de ambos padres

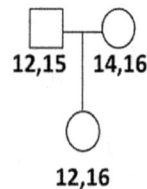

| 12,15 | 14,16 |

12,16

es del 6%. La probabilidad de que alguien tenga esos dos alelos concretos para los dos marcadores analizados sería del 10% multiplicado por el 6% (se multiplican probabilidades), con lo que sería en realidad sólo del 0,6% (6 entre mil). Cuanto mayor es el número de marcadores, mejor delimitamos el valor de inclusión, hasta llegar a una certeza racional de que aquel progenitor es el padre en cuestión (o él, o su hermano gemelo monocigótico, si es que lo tuviera) porque todos los marcadores analizados coinciden. El mismo tipo de análisis puede establecerse para la identificación genética.

Lo que se deduce de la explicación anterior es que, aunque tengamos los padres reales de un individuo, la certeza no puede ser nunca absoluta, porque nunca miramos todo el ADN de un individuo, y porque para cada marcador existe una frecuencia de alelos en la población. Si sólo hemos mirado dos marcadores genéticos, como en el caso anterior, aunque realmente el padre sea el padre, el valor estadístico asociado al error es del 0,6%. Si queremos disminuirlo, habrá que incrementar el número de marcadores analizados, pero el valor del error no depende de la realidad (el padre es el padre real), sino del número de marcadores que se analiza. Por tanto, el valor estadístico asociado a las asignaciones genéticas, más que ser una medida del error, es una medida de la certeza. Por decirlo en términos más mundanos, si sabemos que el padre de una determinada persona tiene el pelo de color rubio, podemos descartar la población masculina que tenga el pelo de otro color, pero no quiere decir que cualquier hombre rubio pueda ser su padre. Por otra parte, si vamos añadiendo más características a nuestra descripción, como por ejemplo, edad, altura, si lleva gafas, si bigote, si su nariz es aguileña, etc..., incrementaremos la probabilidad de acierto en la asignación. Lo mismo sucede con el número de marcadores genéticos analizados y los resultados de inclusión (compatibilidad) y exclusión (incompatibilidad).

Así que lo que en realidad acompaña a la asignación en la identificación genética o en los casos de paternidad es una razón o cociente de verosimilitud (likelihood ratio, en inglés): el cálculo de en qué medida es mayor la probabilidad de asignar acertadamente respecto a la probabilidad de una asignación debida al azar. Esta razón de verosimilitud se calcula como un cociente, siendo el numerador la probabilidad de asignar correctamente y el denominador, la probabilidad de asignación debida al azar. Aunque parezca innecesario, es importante detenerse brevemente en estas explicaciones para entender y evitar ciertas estrategias manipulativas de los datos estadísticos utilizadas en casos judiciales, lo que ya se ha llegado a denominar como la «falacia del fiscal» y la «falacia del defensor».

Supongamos un caso criminal de homicidio en que hay muestras de sangre correspondientes al agresor en el lugar del crimen; después del análisis genético de varios marcadores genéticos, obtenemos una probabilidad estadística calculada según las frecuencias alélicas de 10^{-5}, es decir, de 1 entre 100.000. Existe un detenido y se le han realizado pruebas genéticas. Uno de los razonamientos posibles sería: «Como la probabilidad de error es de uno entre 100.000, la probabilidad de certeza es de 99.999 contra 1, es decir, del 99,999%. Así pues, seguro que este individuo es culpable». Ésta sería la «falacia del fiscal». Otro razonamiento posible sería: «La probabilidad de encontrar otra persona con los mismos alelos es de 1 en 100.000. Como en el área metropolitana de Barcelona hay 3.000.000 de habitantes, hay 30 personas más que comparten el mismo genotipo; por tanto, cualquiera de estas otras 30 personas son potencialmente culpables; por tanto, queda excluido que sea el detenido el culpable, ya que muchísimas otras pueden serlo». Este razonamiento también es erróneo y constituye la «falacia del defensor». Para empezar las 30 personas potencialmente culpables no tienen por qué serlo si se añaden criterios como el género (sexo), el móvil y la posibilidad de cometer el crimen, y las mismas razones se aplican para la falacia del fiscal y su conclusión de culpabilidad. Dependería de más hechos, como el móvil y la oportunidad. De hecho, hay que aplicar la razón de verosimilitud y tener en cuenta que los datos genéticos tienen contexto y no pueden ser utilizados como único dato en un caso judicial.

Vamos a poner un último ejemplo para aclarar este punto. Supongamos un caso de paternidad, por ejemplo una pareja que se separa, y el padre pide saber si su hijo legal es su hijo biológico. Se analizan una serie de marcadores genéticos, y para todos hay inclusión, es decir, compatibilidad. El cálculo de probabilidad asociado a los marcadores analizados es de 10^{-4} (10.000 contra 1). El padre podría alegar que él no es el padre porque en el área de Barcelona (suponiendo que hay un 50% de varones y un 50% de hembras), 150 hombres (1 por 10.000 de 3.000.000 dividido por 50%) podrían ser el padre, cuando en realidad la conclusión sería que es el padre con una elevada certeza racional. Su mujer no puede haber mantenido relaciones sexuales con 150 hombres potenciales porque para empezar, muy probablemente no los conoce ni se ha encontrado con ellos. En cambio sí conoce y ha mantenido relaciones sexuales con su exmarido, ergo, las pruebas biológicas más el contexto indican que es el padre. Siempre se podrían analizar más marcadores para asegurar la compatibilidad en todos ellos, pero como ya hemos mencionado anteriormente, la probabilidad de error puede aproximarse pero nunca ser igual a 0.

Toda esta casuística está determinada y estudiada. Se debe conocer la frecuencia de cada alelo de los marcadores genéticos utilizados para poder cuantificar el valor del error (y de la certeza). Estas frecuencias pueden variar según las poblaciones, no es lo mismo una población de origen caucásico que una población china o una aborígen australiana en cuanto a distribución de alelos. Éste fue uno de los puntos principales que generó una cierta polémica científica al inicio de la aplicación de técnicas genéticas en ciencia forense y que despertó en los neófitos desconfianza en los valores estadísticos. Por si a alguno de los lectores le llama la atención este punto (por otra parte fácilmente reseguible en la red, tanto por entusiastas como por detractores del uso de las técnicas de ADN forense en juicios), la polémica se desató a principios de los años 90, cuando el director del FBI (B. Budowle) suscribió un documento con una apología exagerada de los grandes resultados obtenidos con los análisis genéticos de ADN (entonces todavía poco desarrollados y regulados en comparación con las pruebas actuales). La reacción de los científicos a ciertas aseveraciones poco certeras (capitaneados por genetistas de prestigio, como E. Lander y R. Lewontin) fue inmediata y se extendió rápidamente. El tema se sobredimensionó, ya que el nudo de la discusión científica versaba sobre qué cifras de frecuencia estadística para los alelos de cada marcador se debían utilizar en los cálculos estadísticos, ya que éstas variaban con las poblaciones (obviamente), pero nunca se puso en duda la validez de la técnica y de sus resultados. El consenso se consiguió prontamente con un documento científico conjunto que se publicó en Nature en 1994, y actualmente este tema es ya anecdótico.

El resultado positivo de esta discusión fue que puso de manifiesto la necesidad de buscar técnicas más precisas, repetitivas y fiables que pudieran ser replicadas (es decir, repetidas y confirmadas) en laboratorios independientes y que permitieran comparar resultados. Así, este movimiento generó el cambio hacia la segunda generación de marcadores, amplificados por PCR, y además creó movimientos para la generación de un código de marcadores común, unos marcadores genéticos de referencia que fueran muy informativos y unas frecuencias alélicas conocidas y unos valores estadísticos aceptados y que no pudieran ser refutados en un tribunal.

Así, se creó el CODIS (Combined DNA Index System, http://www.cstl.nist.gov/div831/strbase/fbicore.htm), de uso establecido en los Estados Unidos y Canadá, con 12 marcadores de tipo microsatélite más el gen de la amelogenina (para distinguir los cromosomas X e Y). De forma equivalente se han creado en Europa asociaciones como el EDNAP (European DNA Profiling Group, http://www.isfg.org/EDNAP) y el ENFSI (European Network of Forensic Science Institutes, http://www.enfsi.eu/) que han promovido el uso de 6 marcadores específicos de cromosomas autosómicos (los que no son cromosomas sexuales, es decir, todos los cromosomas excepto el X y el Y), recomendándose su incremento a 8, pero que también han creado bases de datos adicionales para marcadores del cromosoma Y, así como del genoma mitocondrial.

Actualmente, los grandes avances técnicos, los esfuerzos internacionales para la estandarización y los controles internos y externos de los laboratorios forenses reconocidos (y hago énfasis en reconocidos, ya que hay muchos que se ofrecen por Internet que no cumplen las normativas básicas de manipulación del ADN, análisis genético y tratamiento y protección de datos) hacen que las pruebas de Genética forense sean extremadamente fiables y sean rutinariamente utilizadas para la resolución de casos, tanto en el ámbito judicial como en el social.

RECORDAR:

- La recogida de muestras, etiquetado, traslado y procesado debe ser realizado por personal cualificado y seguir protocolos estrictos –que no permitan el acceso público a las mismas–, para evitar contaminaciones deliberadas o circunstanciales, y así mantener la cadena de custodia intacta. Si ésta ha sido quebrantada, las pruebas genéticas son desestimadas en pruebas periciales judiciales.

- La terminología más utilizada al hablar de asignación genética de marcadores es la de inclusión/compatibilidad versus exclusión/incompatibilidad. La asignación genética depende del análisis de varios marcadores genéticos para incrementar la probabilidad de certeza.

- La asignación genética tiene un valor estadístico asociado que depende de la frecuencia poblacional de los alelos encontrados para cada marcador genético, y del número de marcadores analizados. Es un valor tanto de certeza como de error.

- La asignación genética es muy fiable, pero debe ser utilizado en casos judiciales dentro de su contexto, como razones de verosimilitud, para no caer en la «falacia del fiscal» o «la falacia del defensor».

- Actualmente los laboratorios de Genética Forense tienen protocolos estandarizados, bancos de datos de marcadores genéticos extensos y aúnan esfuerzos internacionales para la utilización segura, fiable y eficiente de marcadores genéticos.

II

DE ASESINOS Y ACCIDENTES

5. «IF I DID IT...», LA CASI-CONFESIÓN DE UN ASESINO

Uno de los casos más famosos en que se utilizó la prueba genética de ADN fue en el juicio del Estado de Los Angeles contra O. J. Simpson por el asesinato de su exmujer (Nicole Brown) y su amante (Ron Goldman).

También fue el caso en que, teniendo todas las evidencias a favor para la condena del excampeón de futbol americano, se perdió el juicio por todas las razones por las que nunca debiera: por malapraxis policial y forense, tanto en el manejo como en el procesamiento del ADN. La excelente defensa del excampeón sobrepasó la acusación en todos los puntos. Curiosamente, sus abogados nunca clamaron por su inocencia (ni siquiera cuando ganaron el caso), sino que probaron que habían suficientes resquicios como para pensar que existía una duda razonable sobre que el acusado era o no fuera en realidad el asesino; eso y que se temían revueltas raciales incontrolables, dado que el juicio fue televisado, con una audiencia nacional que superaba los partidos de la NBA, y que O. J. Simpson, afroamericano, fue entronizado como cabeza de turco en contra de un sistema que supuestamente favorecía a los blancos (tanto la ex-mujer como el amante eran de piel blanca) en contra de los negros.

Como muestra de las susceptibilidades que se levantaron entre las comunidades minoritarias y la manipulación de la información, las encuestas de opinión sobre la culpabilidad o inocencia de O. J. Simpson que se realizaron entre la población, una vez conocido el veredicto de inocente, mostraron que el 73% de la comunidad negra e hispana afirmaban que el excampeón era inocente, contra el 87% de encuestados de piel blanca, que aseguraban que era culpable.

El caso fue y todavía es extremadamente morboso y se pueden encontrar amplias referencias en la red y en los diarios de la época. Existen varios libros sobre el caso, incluido el que escribió el propio protagonista, titulado *If I did it (Si yo lo hubiera hecho*, finalmente publicado en 2006, y que fue número uno de ventas en Amazon), en el que Simpson explica cómo habría realizado los asesinatos si él hubiera sido el homicida, y cuenta de forma estremecedora, detalle a detalle, por qué fue a casa de su exmujer la noche de autos y lo que sintió/habría sentido durante el asesinato, explicando el móvil del doble homicidio (rabia ante la promiscuidad de su exmujer). Como reclamo publicitario (o no), se considera que el libro es la confesión de un culpable que salió indemne debido a múltiples errores encadenados y a una hábil manipulación del jurado y de la sociedad por parte de la defensa del juicio. Nos limitaremos aquí a exponer todas las evidencias que se reunieron y por qué fueron desmontadas una a una por la defensa, basándose en la mala praxis de los detectives policiales e investigadores forenses asignados al caso. Pero como dijeron numerosos científicos de la época, en el juicio no solamente se estaba considerando el «caso O. J. Simpson», sino que estaba en tela de juicio el uso de las pruebas genéticas del ADN, que estaban todavía recién estrenadas en las cortes judiciales, y además ni el jurado público (un miembro del jurado comentó: «a fin de cuentas, muchas personas comparten el mismo grupo de sangre», en referencia a las pruebas del ADN que se realizaron a partir de sangre extraída del inculpado), ni el personal jurídico de la acusación, ni por lo visto tampoco el personal forense a cargo de procesar las muestras, estaban preparados para comprender su alcance ni potencia. Un compendio de todo lo que no se debe hacer en la práctica forense.

Poco antes de las 10 de la noche, el día 12 de junio de 1994, Nicole Brown y Ron Goldman morían por múltiples heridas de arma blanca en la casa de ella (que había sido del matrimonio). Los hijos de Simpson y Brown (de 8 y 5 años) dormían en las habitaciones superiores. Simpson y Brown se habían divorciado dos años antes, y Brown había

6/ Fotografía del exjugador de béisbol y comentador deportivo de la NBC, O. J. Simpson (1947), en una visita a las tropas de los Estados Unidos el día de acción de Gracias en 1990, durante la operación militar «Escudo del Desierto» (primera fase de la guerra de Kuwait, cuya segunda fase fue nombrada «Tormenta del Desierto»).

interpuesto numerosas denuncias por maltrato físico. Las evidencias recogidas *in situ* apuntaban a que O. J. Simpson podía ser el homicida. Tanto el cuerpo de Brown (golpeada en la cara y casi decapitada) como el de Goldman (con cuchilladas de provocación, previas a las heridas mortales) presentaban indicios de saña, apuntando a un móvil de índole personal. A pesar de que sus abogados le instaron a que se entregara voluntariamente cuando se emitió la orden judicial para su arresto, Simpson desapareció, y empezó una persecución policial y televisiva (se le dio la exclusiva a una de las grandes cadenas televisivas que hacía el seguimiento por helicóptero, aunque la persecución fue posteriormente seguida por muchas cadenas de noticias). Como ejemplo de la expectación que generó, más de 20 helicópteros persiguieron el Bronco blanco que Simpson conducía y se interrumpió la emisión de las finales de la NBA (de 1994).

Cuando fue finalmente detenido, se le permitió volver a casa y esperar a su abogado. Se encontró una arma cargada en su Bronco, con la que había apuntado al policía que le detuvo, pero este hecho no se denunció, ni siquiera la persecución que provocó al no entregarse en primera instancia.

Simpson se declaró inocente de ambos asesinatos y contrató al mejor bufete de abogados de Los Angeles. Se convocó a un gran jurado que fue disuelto dos días después porque el exceso de cobertura por los telediarios podía haber alterado su supuesta neutralidad. Además, dos de los principales testigos que vieron a Simpson en las cercanías de la casa de su exmujer fueron recusados al haber vendido exclusivas sustanciosas por sus historias a varios medios de comunicación antes de subir al estrado. Por tanto, ninguno de ellos fue llamado a declarar.

En el juicio, celebrado en enero de 1995, se presentó la evidencia de las denuncias reiteradas de Brown por amenazas de Simpson a su persona. También se presentaron pruebas de huellas dactilares y huellas de zapatos que situaban a Simpson en el lugar del crimen. La defensa alegó que el porcentaje de mujeres que realmente son físicamente atacadas y asesinadas por sus amenazadores es ínfimo. Sus abogados (a los que la prensa denominó *Dream Team*) adujeron que su defendido era el objeto (sujeto) de un fraude policial y de procedimientos de manipulación de pruebas y mala praxis que habían contaminado la evidencia del ADN (por quebranto de la cadena de custodia, es decir, cualquiera podría haber colocado el ADN de Simpson en las pruebas con el fin de incriminarle). Se encontraron huellas de sangre y un guante manchado también de sangre en el camino, frente a la casa de Simpson, que coincidían con la sangre de las víctimas. Los abogados defensores no criticaron la evidencia directamente (ya que las pruebas de ADN daban una probabilidad de error mínima), sino la credibilidad del forense que había encontrado las pruebas, y lo acusaron de racista por haber utilizado el término despectivo *nigger* para describir a individuos de piel negra. Cuando el detective lo negó estando bajo juramento, se le acusó de perjurio (uno de los cargos más graves en los USA), mostrando una entrevista grabada 10 años atrás en que pronunciaba repetidamente ese término. Su testimonio fue por ello recusado.

El guante de piel que encontraron fue refutado porque su tamaño era demasiado justo para encajar en la gran mano de Simpson, que padecía de artritis reumatoide. La acusación no supo argumentar que el guante había cambiado de tamaño debido a los numerosos procesos físicoquímicos (congelación, descongelación, y tratamiento con líquidos para obtener la sangre) que habían alterado su forma original. Por otra parte, la defensa argumentó que un enfermo de artritis no podía haber tenido la fuerza necesaria para asesinar a dos personas, independientemente del enorme peso y volumen de Simpson, de su edad: joven (46 años), y del hecho de que se ejercitaba diariamente en el gimnasio.

La noche de autos, Simpson había cenado con un amigo cerca de su casa y se había despedido a las 9:26. Sin embargo, no volvió a ser visto hasta las 10:54, cuando fue recogido para ir al aeropuerto donde cogió un avión para asistir a una convención. Primeramente, Simpson alegó que estaba dormido, pero fue cambiando su versión de los hechos, algo que no supo aprovechar convenientemente la acusación. De hecho, en su libro describe como fue a visitar a su exmujer y observó como la casa estaba iluminada con velas, aparentemente a la espera de alguien. Simpson cuenta que estaba claramente agitado cuando vio la llegada de Goldman, cuenta también que había cogido un cuchillo que siempre llevaba en el Bronco, y a partir de ese momento, no recuerda nada más. Habla de un acompañante, Charlie, que nadie nunca ha identificado, y que lo siguiente que recuerda fue la visión de los dos cuerpos ensangrentados.

La acusación había recogido manchas de sangre de Simpson en el lugar del crimen. A pesar de la aplastante coincidencia, la defensa recusó las pruebas y desmontó la credibilidad de la evidencia genética al demostrar que el policía forense que recogió la muestra de sangre de Simpson para compararla con el ADN de la mancha había llevado el vial con la sangre de Simpson en el bolsillo de su bata de laboratorio durante un día antes de que fuera analizada, como si fuera un trofeo. Lo que debería haber sido el punto principal de la acusación devino el punto más débil al no poder mostrar un adecuado manejo de las pruebas, acusando a la policía de mala praxis, y demostrando un grado de incompetencia tal que invalidaba cualquier resultado basado en las pruebas del ADN.

EVIDENCIAS (resumen):

- La prueba forense de ADN demostró que la sangre encontrada en la escena del homicidio era de O. J. Simpson. La probabilidad de error en la asignación era de $1'7 \times 10^{-8}$.

- La prueba genética de la sangre encontrada en uno de los calcetines de Simpson demostró que la sangre era de Nicole Brown. La probabilidad de error era de 1×10^{-9}.

- La prueba forense de la sangre encontrada dentro, fuera y sobre el Bronco de Simpson era compatible con restos de sangre de Simpson, Brown y Goldman.

- Se encontró pelo asignado genéticamente a Simpson en la camisa de Goldman.

- El análisis del ADN de la sangre encontrada en un guante (mano izquierda) fuera de la casa de Brown era compatible con una mezcla de sangres de Simpson, Brown y Goldman. No había manchas de sangre cerca del guante. Un guante derecho desapareado encontrado en la casa de Simpson se apareaba perfectamente con el que fue encontrado fuera del piso de Brown.

- Los restos encontrados en ambos guantes contenían, por un lado, pelos que luego fueron asignados genéticamente a Goldman, así como fibras de la moqueta del Bronco de Simpson.

- El forense de la Policía de Los Angeles (Philip Vanatter) no pudo explicar por qué guardó 8 ml de la sangre de O. J. Simpson durante horas antes de analizarla como evidencia, ni por qué la llevaba consigo cuando estaban recolectando evidencias en la casa de O.J. Simpson.

- La Oficina forense y el Fiscal del distrito de Los Angeles no pudieron explicar por qué faltaban 1,5 ml de sangre de los originales 8 ml que fueron extraídos de O. J. Simpson como prueba en el homocidio.

- Nicole Brown había denunciado a su marido por maltrato físico. Simpson había sido encontrado culpable y había estado cumpliendo condena con servicios a la comunidad durante 3 años.

- Brown había comentado a familiares y amigos que le había desaparecido un juego de llaves de su piso y que temía que su exmarido se hubiera hecho con ellas, ya que la había amenazado con matarla si la encontraba con otro hombre. Las llaves fueron encontradas posteriormente en la casa de Simpson.

- La mayor parte de las evidencias biológicas encontradas en el lugar del crimen, en el guante y en el calcetín de Simpson, fueron recolectadas por el detective Mark Fuhrman. Su testimonio fue recusado, y su integridad personal quedó en entredicho, tras haber cometido perjurio al asegurar que nunca había utilizado el término *nigger* para denominar a personas de piel negra. Una grabación en una entrevista realizada diez años antes demostró lo contrario.

- Las huellas ensangrentadas de unos zapatos de marca Bruno Magli de talla 12 (tamaño americano) correspondían a unos zapatos de Simpson, con los que aparecía en numerosas fotos previas, a pesar de que él proclamó que los encontraba «feos como el culo», y negó que fueran suyos.

- La evidencia biológica recogida por el criminalista Dennis Fung fue duramente criticada porque no vio varias gotas de sangre en la valla cercana a los cadáveres, y porque no utilizó guantes de látex para proteger las muestras de posibles contaminaciones (algo inaudito).

- Existían fotos de periodistas apoyándose en el Bronco de Simpson antes de recoger las evidencias forenses (con lo que las pruebas quedaban invalidadas por posible contaminación externa, circunstancial o expresa).

- O. J. Simpson había comprado seis semanas antes un cuchillo afilado de 12 pulgadas (una pulgada equivale a 2'54 cm, es decir, el cuchillo tenía más de 30 cm de hoja). Una réplica del cuchillo de la misma referencia y marca coincidía con las heridas que causaron la muerte de los dos individuos.

En octubre de 1995, O. J. Simpson fue declarado inocente ante la existencia de la duda razonable de que él no hubiera cometido el crimen. La pérdida del juicio para las familias de Brown y Goldman implicó que éstas debían sufragar en la totalidad los costos del juicio, cuyo monto final superaba los 38 millones de dólares.

El final del juicio fue televisado y tuvo una audiencia de 150 millones de espectadores, récord de audiencia. O. J. Simpson quedó en libertad.

6. MUERTE EN EL BOSQUE

El 26 de noviembre de 2000, Leanne Tiernan, una adolescente de Leeds (Reino Unido) había quedado con una amiga para comprar los regalos de Navidad en la ciudad. Tras las compras, las dos chicas viajaron de vuelta en autobús al suburbio de Bramley, donde vivían, y se separaron cuando llegaron cerca de la casa de una de ellas. Leanne se dirigió sola hacia su casa, para ello tenía que pasar por un sendero no iluminado, denominado Houghley Gill, que ella tomaba a menudo como atajo, pero nunca llegó a su casa.

Como la chica no volvió de las compras, su madre denunció su desaparición inmediatamente a la policía, describiendo a su hija como feliz y confiada, pero responsable y conocedora de caminos y senderos. No era probable que se hubiera perdido y nunca antes había llegado tan tarde. La policía tomó el caso y una semana después de la desaparición había reconstruido sus pasos junto con los de su amiga. Un anuncio público de ayuda por parte de sus padres desató un aluvión de llamadas que decían haberla avistado en varios lugares, siendo todas ellas pistas falsas. La policía continuó buscando en la zona, donde había más de 700 residencias, con terreno extremadamente variable, desde bosques, canales, hasta praderas y pozos de agua. La búsqueda volcó a toda la población y usó todos los recursos de la policía de la comarca de Yorkshire.

Nueve meses más tarde de su desaparición, un hombre que paseaba su perro por el bosque de Lindley, cerca del pueblo de Otley, en el noroeste de Yorkshire, a sólo 16 millas (unos 25 km) de su casa, encontró el cuerpo de Leanne, envuelto en una funda nórdica de flores y semi-enterrada en una fosa poco profunda. Dentro de la funda nórdica, Leanne había sido envuelta en bolsas de basura de plástico verde atadas con bramante. La joven estaba maniatada con cables amarillos, y su cabeza apareció tapada con una bolsa de plástico negro aguantada por una correa de perro; alrededor de su cuello había cables y un echarpe. Todo indicaba que el traslado a la fosa había sido relativamente reciente, ya que el grado de descomposición del cuerpo era inconsistente con el tiempo transcurrido desde su desaparición.

Los expertos forenses pensaron que quizás podrían obtener evidencias suficientes para llevarles hasta el homicida. Peinaron el bosque en busca de indicios y buscaron en toda el área vecinal. Durante su investigación, los detectives policiales establecieron una lista de sospechosos, entre los que apuntaron a cazadores que frecuentaban y conocían aquel bosque, entre ellos a John Taylor, que después se demostró que era el homicida. Los investigadores forenses encontraron pelos de perro en el cuerpo de Leanne Tiernan. Como ellos carecían de los datos genéticos para caracterizar genéticamente al perro, enviaron la muestra a una Universidad de Tejas que conoce bien el genoma del perro. Desafortunadamente, a pesar de que se obtuvo un perfil genético parcial, la policía no pudo encontrar ninguna mascota que concordara dentro de su lista de sospechosos, ya que el perro que Taylor poseía cuando Leanne fue asesinada había muerto. El echarpe que se encontró atado alrededor del cuello de la víctima contenía pelo humano en el nudo. Los tests habituales de ADN a partir de la raíz de los pelos no obtuvo resultados positivos por estar demasiado estropeado, así que los forenses recurrieron al ADN mitocondrial que, dado su multiplicidad en las células, presenta una mayor probabilidad de encontrarse intacto. En este caso sí que se obtuvieron resultados del genotipado, y dentro de su lista de sospechosos, sólo Taylor quedaba incluido.

John Taylor fue arrestado en octubre de 2001 y llevado a Leeds para interrogarle. ¿Quién era Taylor? Sin muchos contactos sociales, divorciado y con hijos, Taylor era descrito por los que le conocían como un hombre corriente y, sin embargo, poseía instintos que no pueden ser clasificados como corrientes. Desde edad temprana le gustaba cazar, y se sabía que obtenía placer infligiendo daño a animales de pequeño tamaño. Cazaba y torturaba conejos, había sido visto apuñalando repetidamente a zorros, o golpeando con un bate a faisanes hasta su muerte. Tras su detención, su casa fue sellada y cuidadosamente registrada. El jardín fue excavado y se encontraron los restos de 28 hurones y los esqueletos de 4 perros, uno de ellos con el cráneo aplastado.

Investigaciones subsiguientes proporcionaron más evidencia incriminativa. El collar que estaba alrededor del cuello de Tiernan estaba hecho de piel, y la marca correspondía a una empresa de Nottingham que servía a la tienda de venta por correo de la que Taylor era cliente. Se encontraron restos de bramante y bolsas verdes, idénticos a los utilizados para ocultar el cuerpo de la víctima. Además, el cable amarillo con el que la maniataron estaba producido en una empresa italiana, que había vendido el 99% de su producción al Royal Mail (servicio de correos) británico. John Taylor trabajaba en Correos y tenía acceso al material.

Se encontraron fibras de nilón rojas en la ropa de la víctima que habían sido transferidas por contacto, del mismo tono, textura y composición que las fibras que se encontraron alrededor de los clavos del suelo de la casa de Taylor. Aparentemente, allí había antes una moqueta de color rojo que Taylor arrancó y quemó, se supone que con la intención de destruir la evidencia de la estancia de Leanne Tiernan en su casa. Entrevistas con sus ex novias relataron que le gustaba el sexo sado-masoquista y que solía maniatar a sus parejas. Todo ello, unido a la evidencia del ADN mitocondrial, más la identificación del ADN del perro (que concordaba con uno de los esqueletos caninos encontrados en el jardín), le inculpaba como homicida. Este fue el primer caso en el Reino Unido en que se utilizó la huella genética de un animal como prueba en un juicio (ver apartado 20).

Durante el juicio, Taylor reconoció haber secuestrado a Leanne, pero no admitió haberla matado. Según su dedujo, Taylor estaba escondido en el bosque cerca del sendero de Houghley Gill, esperando una víctima propicia. Cuando Leanne se dirigía a su casa, la atacó por detrás, la amordazó, le tapó los ojos y se la llevó a su casa. Allí la maniató, la violó y la estranguló con un echarpe y un cable plástico amarillo. Según su versión, la chica se cayó de la cama y se golpeó en la cabeza. Pensando que Leanne estaba muerta, la levantó utilizando el echarpe que estaba alrededor de su cuello, y eso seguramente le produjo la muerte.

La policía cree que Leanne Tiernan no fue la primera ni la única víctima. Se han rebuscado en los archivos casos no resueltos de los veinte años previos a su detención para determinar si Taylor pudo haber estado involucrado en alguno de ellos. Hay cuatro víctimas más cuyas circunstancias parecen encajar en su método.

La sentencia, en julio de 2002, fue que John Taylor era culpable del secuestro y homidicio de Leanne Tiernan, y se le condenó a cadena perpetua.

7. MUERTE EN LA GRANJA

Uno de los casos más morbosos y cruentos en que se ha utilizado la prueba genética de ADN fue en Canadá. El caso contra William Pickton es particularmente famoso porque la prueba del ADN no se utilizó para demostrar la culpabilidad del acusado, sino para demostrar quiénes eran las víctimas, todas ellas prostitutas. Los crímenes contra prostitutas son difíciles de resolver, en parte, porque son víctimas fáciles. Por su mismo trabajo, sus asociaciones con los clientes son secretas y confidenciales y, habitualmente, no son echadas en falta a menos que se encuentre su cadáver. Además, sus compañeras de trabajo rehúyen el contacto con la policía por razones obvias. Por otra parte, existe una cierta connivencia social con el crimen contra estas mujeres, cuyo trabajo es mal visto, se realiza sin control, a espaldas de la sociedad, y se convierte fácilmente en objeto de explotación. No se debe olvidar que uno de los insultos más frecuentes en la sociedad occidental es tildar a una mujer de prostituta, o a un varón, de hijo de la misma. Los asesinos suelen considerar que tienen carta blanca para eliminarlas, y autojustifican sus crímenes con la excusa de estar liberando a la sociedad de una «lacra pecaminosa» (?).

William Pickton regentaba con su hermano una sociedad sin ánimo de lucro (en inglés, *charity*), la *Piggy Palace Good Times Society* (la Sociedad de la Diversión en el Palacio Porcino) que, básicamente, consistía en organizar reuniones de granjeros proporcionando «entretenimiento» con un grupo siempre cambiante de prostitutas. El 5 de febrero de 2002, un registro policial reveló que Pickton y sus dos hermanos poseían armas de fuego ilegales, para las que no poseían licencia, y que estaban cargadas. Aunque fue liberado tras fianza por este cargo, mientras estaba en custodia se concedió permiso para revisar su propiedad por cuenta de la Investigación de Mujeres Desaparecidas, y se encontraron efectos personales de varias mujeres que habían desaparecido sin dejar rastro. El día 22 de ese mismo mes, Pickton fue de nuevo detenido, esta vez acusado del asesinato en primer grado de las muertes de Sereena Abotsway y Mona Wilson. Durante los seis meses siguientes, se añadieron cargos por los asesinatos de trece prostitutas más y, a medida que se sucedían las excavaciones en su granja, el número de nombres ascendió hasta veintisiete. De hecho se dice que cuando lo detuvieron, aseveró que le faltaba una última mujer para llegar al número par de cincuenta.

La extrema dificultad de determinar el número real de mujeres asesinadas recae en el hecho del largo período en que actuó impunemente (se calcula que las mató entre 1997 y 2001) y en la extrema descomposición de los restos humanos que se encontraron, ya que habían sido abandonados a la intemperie, con acceso libre a insectos (y otros organismos necrófilos) y a los cerdos. Después de trabajos arduos de desentierro en una superficie extensa, y hasta una cierta profundidad, se extrajeron numerosos huesos. El ADN que se iba obteniendo de cada uno de los restos obtenidos era comparado entre sí, para recuperar el máximo posible de cada víctima y era cotejado con el ADN del archivo de mujeres desaparecidas o de sus familiares, de ahí que el número de identificaciones fuera incrementando con el tiempo. En al menos, dos casos, no hubo correspondencia y se archivaron como mujeres sin identificar. De algunos cuerpos sólo se recuperaron huesos sueltos con muescas por dentadura porcina. Parecía evidente que los cuerpos habían servido de alimento a los cerdos, al menos hasta cierto punto. Además, se mostró que algunos de los embutidos elaborados en la misma granja contenían carne humana picada mezclada con la de cerdo. Esta carne no fue comercializada (o eso aseveró la Policía Montada), sino que sólo era ofrecida a los visitantes de sus fiestas.

Se puede comprobar con qué horror la sociedad siguió el juicio que se inició a principios del año 2006, aunque la prohibición expresa del juez impidió que la prensa pudiera tener acceso y divulgar las pruebas durante las fases iniciales. El acusado se declaró inocente de los veintisiete cargos de muerte en primer grado (sólo veintisiete mujeres pudieron ser identificados gracias al ADN, aunque se asume que el número de víctimas fue mayor). Tras una primera fase, se admitieron sólo a trámite seis de los cargos, ya que uno fue desestimado por falta de pruebas reales, y los otros veinte quedaron pospuestos para ser enjuiciados a posteriori, si se obtenían nuevos datos. La decisión del juez vino avalada por el criterio de que había más pruebas en estos seis casos escogidos y que no quería que la defensa usara la falta de pruebas en alguno de los demás cargos como razón para la apelación o la desestimación total del caso. El juicio real comenzó un año más tarde (enero de 2007). Algunas de las evidencias que se presentaron son:

— Dentro del camión de Pickton se encontraron varias armas de fuego cargadas (aún cuando no tenía licencia para su uso), gafas de visión nocturna, esposas falsas recubiertas de piel, una jeringa con 3 ml de un líquido azul y un afrodisíaco.
— Un vídeo en que un amigo de Pickton contaba como Pickton le relató que la mejor manera de matar a una heroinómana era inyectarle un líquido limpia-parabrisas. Más otro video en que otro compañero de Pickton contaba como éste le relató que había asesinado a prostitutas

esposándolas, estránguladolas, y después desangrándolas y eviscerándolas antes de darlas de comer a sus cerdos. La defensa pidió que no se tuvieran en cuenta los vídeos por la falta de credibilidad de ambos individuos.

- Detectives policiales relataron cómo encontraron cráneos humanos partidos por la mitad y rellenos con manos y pies.
- Fotos del contenido de la basura del matadero de Pickton, donde todavía habían restos humanos que fueron identificados como pertenecientes a Mona Wilson.
- La identificación genética de las seis víctimas a través del análisis de restos humanos encontrados en la granja de Pickton, y por las que se le enjuiciaba, con cargos de homicidio en primer grado (autor material de las muertes).

En diciembre de 2007, el jurado popular declaró a Pickton culpable de homicidio en segundo grado (no en primer grado). El juez le impuso la pena máxima de cadena perpetua, sin posibilidad de ser liberado por buena conducta al menos en 25 años (sentencia equiparable a la que se conseguiría por homicidio en primer grado). Cuando el juez emitió su sentencia, determinó que «...la conducta del Sr. Pickton era claramente la de cometer homicidio, y lo hizo de forma repetida. No podemos conocer todos los detalles, pero sí sé que lo que les (a las prostitutas muertas) sucedió no tuvo sentido alguno y es despreciable...».

Todavía se desconoce si Pickton será procesado por las otras veinte muertes y, de momento, su sentencia está bajo apelación, tanto por parte de la acusación, que desea incrementar la inculpación, como por parte de la defensa, que alega errores de forma, tanto en el juicio como en las declaraciones de Pickton ante la policía.

8. SPITSBERGEN, A 29 DE AGOSTO DE 1996

El 29 de agosto de 1996, un avión Tupolev 154 se estrella en la montaña Opera, a unos meros 10 km de su destino final, el aeropuerto de Spitsbergen (archipiélago Svalbard), con 128 pasajeros y 13 miembros de la tripulación a bordo. Los 64 ciudadanos rusos y 77 ucranianos, incluidos 7 niños, perecen. Se obtuvieron 257 restos humanos fragmentados y empezó la dolorosa identificación de las víctimas.

Hasta aquel momento, la identificación de víctimas en accidentes o desastres naturales se basaba en los esfuerzos combinados de la policía, odontólogos y patólogos, los cuales comparaban datos *ante mortem* (AM) y *post mortem* (PM). En los países occidentales, con una red sanitaria extendida y de calidad, se confiaba en gran manera en la identificación a través de información de datos dentales. Previamente, sólo en algunos casos anecdóticos (en los accidentes de Waco y Ste-Odile) se habían utilizado datos de ADN para confirmar algunos casos de reunificación de fragmentos de una sola víctima o para identificación de las víctimas. Sin embargo, no se había considerado obligatorio ni perentorio el genotipado de ADN como método fiable, robusto y eficiente para la identificación genética de individuos.

En este caso, se anticipó que la obtención de datos ante mortem de la mayoría de las víctimas sería muy escasa o fragmentaria, así que se decidió directamente proceder a la recolección de muestras para la obtención de ADN y pedir la colaboración de los familiares para acelerar la identificación. La manera en que los médicos forenses de Oslo enfocaron este accidente desde el primer día cambió definitivamente los anales de la ciencia forense al establecer la gran fiabilidad de las técnicas de ADN si estaban correctamente realizadas y demostrar que el tiempo de resolución con que se llegaba a la identificación de las víctimas era considerablemente inferior al necesario en casos anteriores sin aplicar el genotipado de ADN rutinario.

A diferencia de lo acaecido en el atentado terrorista contra el avión de la PanAm en Lockerbie (Escocia) en 1989, donde se arguyó en contra de recoger muestras de sangre de los parientes por considerarlo un elemento que añadiría angustia a la familia, en este caso los forenses detectaron que la respuesta era muy positiva, ya que los parientes parecían aliviados de poder contribuir a reconocer a sus parientes entre aquel amasijo de restos humanos. Todos los que fueron requeridos donaron su sangre para que, a través de sus leucocitos, se pudiera extraer ADN para su comparación.

Los forenses utilizaron tres marcadores genéticos del tipo microsatéltie (en aquel momento recién incorporados al mundo forense, que todavía hacía uso mayoritario de los minisatélites de tamaño pequeño), más cinco minisatélites y el marcador de la amelogenina para determinar el sexo (ver apartado 31). Los investigadores, además, utilizaron los últimos avances en genotipado de aquel momento, realizando PCRs multiplex y separando los resultados en secuenciadores de alto rendimiento, lo cual fue un elemento a favor para la celeridad y robustez de los resultados obtenidos.

¿Cómo se hicieron las identificaciones? Se clasificaron los casos según las situaciones:

1. ¿Se trata de dos muestras obtenidas del lugar del desastre y se quiere averiguar si pertenecen a la misma víctima? El perfil genético debe coincidir totalmente entre las dos muestras y discrepar del resto. OBSERVACIÓN: Dado que el número de muestras en el avión es finito y limitado, es relativamente fácil establecer este tipo de análisis, ya que la probabilidad de que alguien más en el avión comparta exactamente el mismo genotipo, incluso si consideramos uno o dos marcadores, es extremadamente pequeño. De hecho, en este accidente, ninguna de las 141 víctimas compartía el mismo perfil genético.

2. La relación que une a las muestras que se comparan es la de progenitor a descendiente. En este caso, lo que se busca es la compatibilidad/inclusión de las muestras. Es decir, el descendiente y el progenitor (sea padre o madre) deben compartir al menos uno de los alelos para cada marcador genético.
OBSERVACIÓN: Si se comparan con ambos progenitores, para cada marcador, cada uno de los alelos debía proceder de un parental. La asignación era determinante y la probabilidad de error, nimia. Teniendo en cuenta, el número de víctimas tan limitado, la asignación era definitiva. En algún caso se dio la paradoja (esperable) de que de los ocho marcadores analizados, siete cumplían la norma de compatibilidad/inclusión, mientras que uno era distinto. Esto es una excepción explicable que no compromete la identificación genética, considerando todos los argumentos anteriores. La explicación a esta excepción es la tasa de mutación entre el ADN que pasa de parental a progenie. Siempre hay una pequeña variación, que está calculada, para el caso de los mini y microsatélites en 0'004. Los datos obtenidos cuadraban con esta estadística. En ambas víctimas la asignación se dio por válida, ya que una posible relación errónea era extremadamente improbable, pues la no inclusión con cualquier otro parental presentaba incompatiblidad con muchos más marcadores.

3. Cuando no había disponible muestra de ADN directamente parental o filial para la comparación, sino la de un hermano-hermana, el cálculo de probabilidad estadística de compatibilidad se realizaba teniendo en cuenta que el porcentaje de compartir alelos para el mismo marcador es de un 25% de promedio (puede variar del 0 al 50%).

4. Dos de las víctimas no tenían parientes con quien comparar su ADN, con lo que su identificación se hizo respecto a señales externas de su cuerpo.

Finalmente, la asignación de los 141 perfiles genéticos (43 mujeres y 98 varones) se hizo con probabilidades de acierto altísimas. Los 257 fragmentos fueron identificados y asignados. Las muestras de parientes para la comparación (139) se obtuvieron en trece días desde el accidente y la identificación definitiva se hizo antes del día veinte después del accidente. El día veintidós, los distintos ataúdes con los restos separados e identificados fueron enviados a sus destinos para su inhumación. Un récord de tiempo en aquella época. Nada desdeñable, fue el comedimiento en el coste, ya el monto total de la investigación de ADN del accidente de Spitsbergen fue de 110.000 dólares americanos (aproximadamente el 3-5% de toda la operación).

La conclusión final del informe forense determinó que el análisis de ADN fuera adoptado como obligatorio en accidentes con gran número de víctimas. Y así fue.

El siguiente apartado explicará cómo, a pesar de la potencia de esta técnica, ante un accidente o un desastre con un enorme número de víctimas, hubo que recurrir a mejorar aún más las técnicas forenses de ADN.

9. 9/11 (11 DE SEPTIEMBRE)

A pesar de que los laboratorios de genética forense tienen una extensa experiencia en identificación genética de muestras biológicas y restos humanos en un avanzado estado de degradación, hay ocasiones en que estos se pueden ver desbordados por la llegada excesiva de muestras, por ejemplo en el caso de accidentes masivos o ataques terroristas. Después de leer en el apartado anterior el primer éxito en la aplicación de estas técnicas a gran escala en un accidente aéreo, y teniendo en cuenta que las pruebas de ADN son de uso rutinario, es instructivo reparar en sus limitaciones en situaciones extremas. La masacre causada tras los atentados terroristas contra las Torres Gemelas del World Trade Center de Nueva York, el 11 de septiembre de 2001, en el que murieron 2.792 personas, desbordó los protocolos de los laboratorios forenses y superó las técnicas de identificación genética.

Los expertos forenses de la policía de Nueva York y sus investigadores reconocieron inmediatamente que la situación superaba con creces los mecanismos establecidos en situaciones habituales, y por tanto requirieron la ayuda de los mejores especialistas de diversos campos relacionados con la genética con el fin de buscar las mejores estrategias para una situación imprevisible como aquella e implementar las mejores soluciones. El movimiento, de alcance nacional, supuso la reunión de policías, de expertos en genética (tanto forense como de genética humana), en evolución y en poblaciones humanas, en estadística, de informáticos y bioinformáticos, y de empresas relacionadas con la producción de equipamiento de alto rendimiento para el genotipado y la secuenciación de ADN. Este panel de especialistas constituyeron la entidad consultora KADAP (*Kinship and Data Analysis Panel*, Panel de Análisis de Datos y Parentesco) y elaboraron un extenso informe con las directrices consensuadas que propusieron «*Lessons learned from 9/11: DNA identification in mass fatality accidents*» (se puede consultar en la red). Este documento, editado en octubre de 2006, recoge (junto con otros muchos que también se pueden encontrar en la web del Ministerio de Justicia de los Estados Unidos) cómo se dirigió el análisis masivo de muestras recogidas tras el derrumbe de las Torres Gemelas. Puede considerarse que en el proceso y manejo de datos genéticos ante catástrofes existe un antes y un después del famoso 9/11 (la forma elíptica en que los estadounidenses mentan el ataque terrorista del 11 de septiembre).

Entre sus muchas consideraciones, por ejemplo, el informe hace énfasis en las diferencias que existen entre «casos cerrados», por ejemplo cuando se estrella un avión y las únicas víctimas son el pasaje y los empleados de la compañía, en los que hay una lista corta y delimitada de identificaciones a realizar, y «casos abiertos», en los que la lista tiene nombres desconocidos de personas que sencillamente no están contabilizadas, como pasó en el 11/S, donde las identificaciones genéticas pueden ser mucho más complejas por el hecho de que hay víctimas no controladas. El 11/S supuso un cambio en la manera de hacer de muchos laboratorios forenses y de buscar soluciones nuevas a un problema que claramente sobrepasaba al personal de Genética Forense de la policía de Nueva York (o para el caso, el de cualquier ciudad, por preparado que esté su laboratorio forense). Se recogieron in situ más de 20.000 fragmentos humanos que debían ser catalogados e identificados mediante un proceso de cotejo. Por tanto, también se debían analizar muestras personales (como cepillos de pelo y de dientes, de donde obtener un ADN para hacer identificación directa) así como también (para confirmación o como única alternativa para la asignación inequívoca) efectuar la extracción y comparación con el ADN de parientes, todo lo cual requería extraer y analizar un número de muestras que superaban las demandas de cualquier laboratorio forense. Se tuvieron que crear nuevos protocolos de trabajo, nuevos programas de ordenador y nuevas bases de datos, con el fin de lograr la asignación a un único individuo de todas sus muestras, así como para el cotejo de ese material genético con el obtenido de sus efectos personales o de sus familiares.

El documento también hace hincapié en que a veces no es suficiente reconocer una muestra e identificar que un determinado individuo ha muerto, sino que las familias (por razones personales, pero también religiosas) suelen demandar tener el número máximo de restos de sus

7/ El ataque a las Torres Gemelas del World Trade Center en Nueva York (11 de Septiembre de 2001), con la Estatua de la Libertad, tomada por efectivos del Servicio de Parques Nacionales de los USA.

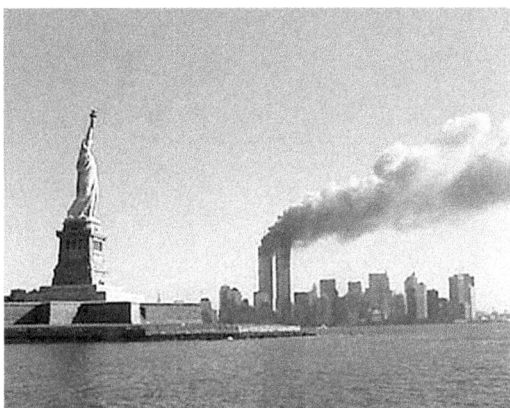

seres queridos, lo cual implica un esfuerzo ingente de identificación de restos humanos, a partir de muestras altamente degradadas en las que la mayoría de protocolos no funcionan.

En este trabajo, exhaustivo pero a su vez comprensible, se explica por qué el uso de los marcadores genéticos habituales del CODIS no fue suficiente para la identificación de todas las muestras y se recurrieron a nuevos diseños de PCR para casos de muestras muy deterioradas; argumenta las razones por las que se analizó el ADN mitocondrial con el fin de limitar el número de asignaciones por muestra, y expone que incluso se tuvieron que utilizar técnicas de genotipado de SNPs de alto rendimiento (en inglés, high-throughput) para casos excepcionalmente difíciles, todo ello con el objetivo de obtener valores de probabilidad suficientemente altos como para ofrecer asignaciones estadísticamente fiables. Gracias a todos estos esfuerzos conjuntos, los restos de 1.595 individuos (de los 2.792 muertos) fueron identificados y devueltos a sus familias para su inhumación. En comparación con el caso que hemos presentado anteriormente (en que la identificación de los cadáveres fue total), el porcentaje de éxito en las asignación de identidad puede parecer limitado, pero no olvidemos la diferencia en el número de víctimas, y el hecho de que en un accidente aéreo la lista de pasajeros es cerrada. En el caso del 9/11, la lista de víctimas era abierta, lo cual la hizo irreconciliable con un reconocimiento total de las víctimas: la identificación de ADN se basa en la comparación genética, y si no se sabe con quién comparar, no hay identificación posible.

Lo que quedó patente tras esta experiencia traumática, desde el punto de vista social, humano y también meramente forense, es que situaciones dramáticas imprevistas proporcionan a veces el ímpetu necesario para crear nuevos recursos.

III

DE MOMIAS, ZARES Y REYES

10. TRAS LA PISTA EN EL VALLE DE LOS REYES

De las aplicaciones de la genética forense no hay duda que la información que proporciona para resolver incógnitas del pasado y retrazar sucesos históricos captura vívidamente la imaginación de la sociedad.

La portada de octubre de 2007 de la revista técnica de una de las compañías más potentes en secuenciación de ADN (Applied Biosystems) estaba dedicada a un artículo sobre la identificación de restos momificados de la antigua realeza egipcia y el establecimiento de un laboratorio forense en el Museo Egipcio del Cairo para autentificar y asignar los restos humanos encontrados en las numerosas excavaciones en suelo egipcio. En concreto, se presentaba la búsqueda de los restos de la Reina Perdida de Egipto Hatsepsut, la mujer más poderosa del Egipto Antiguo, que gobernó durante la XVIII Dinastía, hace más de 3.000 años. Su vida, su muerte y su reencuentro han estado envueltos en misterio, como en las mejores novelas de intriga. Tras su muerte por causas inciertas, su nombre fue vengativa y sistemáticamente destruido en los escritos y en los numerosos monumentos erigidos durante su reinado para borrar cualquier vestigio de su impronta por orden de su hijastro, Tutmosis III, que le sucedió en el trono. Pero la reina había tenido ancestros y dejado descendencia. Su nombre no pudo ser totalmente olvidado en la historia, y su legado genético tampoco.

Hatsepsut fue una de las pocas mujeres que llegó a gobernar como faraón, y lo hizo durante más de veinte años (mucho más que ninguna otra mujer de una dinastía indígena) como la encarnación del poder absoluto en una de las civilizaciones más avanzadas y poderosas de la antigüedad. Brillante y visionaria, Hatsepsut promovió una floreciente economía, reconstruyendo las redes comerciales de su reino y encargando cientos de proyectos de construcción. Su propio nombre, Hatsepsut, significaba «La más importante de todas las mujeres nobles» y ostentó muchísimo más poder que cualquier otra faraona conocida, incluidas Nefertiti y Cleopatra. Se vestía como un hombre y se adornaba de barba. El templo funerario de Hatsepsut es uno de los más visitados hoy en día en el Valle de los Reyes en el Alto Egipto.

Históricamente, la mayoría de momias de la XVIII Dinastía fueron trasladadas desde sus tumbas del Valle de los Reyes y ocultadas por sacerdotes de la XXI Dinastía por miedo a la profanación y robo de tumbas. El lugar donde se escondieron las «nuevas» tumbas de los grandes faraones fue descubierto durante la década de 1870 por los hermanos Razzul, y en 1881 las momias que habían sido descubiertas se trasladaron a El Cairo. Sin embargo, no se encontró ningún cadáver que pudiera corresponder a la reina Hatsepsut, sólo una caja de madera grabada con los signos reales de Hatsepsut con un diente que supuestamente le pertenecía en el interior. Se supuso entonces que sus restos habían sido perdidos, incluso se temió que habían sido destruidos por Tutmosis III.

Sin embargo, este no fue su destino. En 1903, el arqueólogo británico Howard Carter (quien también descubrió la tumba no profanada de Tutankamón) excavó una tumba sin signos exteriores de identificación: la denominó KV60. La tumba había sido previamente profanada y robada y fue sellada de nuevo, hasta 1906. Cuando fue reabierta, se encontraron dos momias femeninas, una con las señas de una cuidadora real, la otra estirada en el suelo sin más ceremonia. La momia de la cuidadora real fue identificada como Sit-ra, la niñera de Hatsepsut. Pero no había ningún signo que identificara a la momia sin caja, a pesar de que su posición, con el brazo izquierdo cruzado sobre el pecho y la mano cerrada en un puño, y con el brazo derecho colocado paralelamente al cuerpo, indicaba claramente su pertenencia a la realeza. Así que la momia no identificada fue relegada al olvido hasta que en 1989 un egiptólogo americano, Donald

8/ Estatua de Hatsepsut
(dinastía XVIII Egipto).

Ryan, reparó en la posición que denotaba la realeza del cadáver momificado. Este egiptólogo también encontró los restos aplastados de lo que había sido otrora la faz de un ataúd, recubierta de oro y con la marca de una barba, lo cual era extremadamente sugestivo, ya que indicaba el entierro de un varón cuando las dos momias eran claramente de género femenino, o bien de un miembro de la familia real, con lo que se descartaba que ambas momias correspondieran meramente a dos niñeras.

Durante el año 2007 y tras años de esfuerzos, un proyecto auspiciado por Applied Biosystems, Discovery Channel (que a partir de estos datos creó el documental *Secrets of Egypt's Lost Queen*), el Consejo Supremo de las Antigüedades de Egipto y el equipo dirigido por el Dr. Hawass identificaron los restos de la reina olvidada tras analizar el diente de la caja de Hatshepsut y, posteriormente, su ADN. Esta identificación puede parecer nimia en el mundo de hoy, y sin embargo, ha sido considerada por eminentes egiptólogos como el más importante hallazgo en el Valle de los Reyes desde el descubrimiento de la tumba de Tutankamón en 1922.

El proceso de identificación de su momia fue lento y tedioso. Los primeros (y relevantes) pasos fueron realizados mediante la aplicación del conocimiento de las técnicas utilizadas durante el proceso de momificación de cada época conjuntamente con la identificación de señales encontradas en tumbas de descendientes relacionados con la Reina Perdida, todo lo cual condujo a descartar la mayoría de momias almacenadas en el Museo de El Cairo y dejar sólo cuatro momias como compatibles con Hatsepsut, partiendo de más de un millar de cadáveres momificados sin identificación. Utilizando tomografía axial computerizada, determinaron que los rasgos óseos faciales y craneales eran solamente compatibles con dos de las momias. Más aún, el diente guardado en la caja grabada con los signos de Hatsepsut encajaba exactamente en el hueco y la raíz de uno de los molares superiores que le había sido extraído a la momia KV60A.

De hecho, la tecnología de ADN forense sobre restos fósiles o antiguos no pudo ser aplicada hasta que no se desarrolló la técnica de PCR (ver apartado 32), que permite la amplificación de restos con cantidades ínfimas de ADN. Por otra parte, dado que la calidad del material biológico disminuye drásticamente con la edad, ante este tipo de muestras biológicas se han de combinar estrategias de ADN nuclear y mitocondrial (ya que al haber miles de mitocondrias dentro de una célula, es más probable que alguna de las moléculas de ADN mitocondrial no esté degradada, ver apartado 2). Pero, además, en este caso había dificultades añadidas dada la prohibición del gobierno egipcio de dejar salir del país ningún resto ni hallazgo arqueológico. Sólo se pudieron analizar las muestras cuando se montó un servicio de secuenciación y se formó al personal egipcio del museo para que pudiera operarlo, con la ayuda de científicos del Reino Unido (Manchester). De hecho, la mayoría de arqueólogos eran escépticos a priori respecto a la identificación de restos tan antiguos.

¿Cómo reconocer cuál de las momias, si se daba el caso, podía ser la Reina Perdida? Una de las dificultades principales radicaba en la misma técnica de obtención de ADN, ya que en primer lugar, las momias habían sido manipuladas por múltiples individuos que podían haber contaminado las momias con su propio ADN, y también en el propio proceso de momificación, puesto que, irónicamente, los mismos compuestos que mantienen la apariencia externa de una momia destruyen su ADN. Sin embargo, fue posible extraer ADN tanto del diente preservado como de zonas interiores del tétano del hueso de las momias, donde era más probable que el ADN estuviera preservado al estar más protegido de los agentes químicos usados en la momificación.

El ADN de las momias se compararía con el de las momias ya reconocidas e identificadas de su padre, el faraón Tutmosis I y de su abuela materna, la reina Ahmose Nefertari. Una vez obtenido ADN de la momia a estudiar, se podía cotejar la secuencia del ADN mitocondrial, que debería ser idéntico al de su abuela materna. Recordemos que las mitocondrias se heredan a través del óvulo, en herencia maternofilial (en este caso, la misma secuencia del ADN mitocondrial debería haber sido transmitida desde abuela materna → vía madre → hasta Hatsepsut). Paralelamente, la confirmación se podría obtener a través del análisis de los marcadores del ADN nuclear, que son mucho más informativos, mediante una prueba de paternidad con el ADN extraído de la momia de su potencial padre, ya que si la momia realmente pertenecía a Hatsepsut deberían compartir, como mínimo, un alelo para cada marcador genético. Los primeros resultados con el diente de la momia fueron concordantes (inclusión/ compatibilidad) y fueron posteriormente validados con diversas punciones de la médula ósea para obtener mayor cantidad de ADN y asegurar la identificación con un mayor número de marcadores genéticos.

El éxito en esta identificación ha animado al equipo egipcio de arqueólogos a utilizar estas técnicas de ADN forense en las cuarenta momias que habían rescatado previamente, con el fin de clarificar el parentesco genético y la filiación de las dinastías XVIII y XIX, a las que pertenecen. Entre los grandes misterios de la historia que se pretenden resolver están: ¿Está correctamente identificada la momia de Tutmosis I, o bien pertenece a un noble de la misma época? ¿Son los dos fetos encontrados en la tumba de Tutankamón realmente sus hijos gemelos?

Aunque parezca inverosímil, el análisis genético revelará estas cuestiones. Y al menos, hoy por hoy, la momia originalmente catalogada en los archivos como KV60A ha recuperado su nombre y lugar en la realeza del antiguo Egipto gracias a su ADN.

11. EL FINAL DE LOS ZARES RUSOS

A pesar de la confusión en la que se vio envuelto el aprendimiento y ajusticiamiento de la familia real rusa durante la revolución bolchevique, se sabe que el Zar (que había previamente abdicado en 1917 durante el fervor de la revolución bolchevique) y su familia fueron aprisionados junto con algunos miembros de la corte y mantenidos bajo estricta custodia en la Casa Ipatiev en Ekaterimburgo (en los Montes Urales, Rusia Central).

Durante la noche del día 16 de julio de 1918, el zar Nicolás II de Rusia, la zaina Alexandra, el zarevich heredero, Alexei, y sus cuatro hijas, Olga, Tatiana, María y Anastasia fueron ajusticiados junto con tres de sus sirvientes y el médico real, primero mediante fusilamiento y luego rematados con bayonetas. Los cadáveres fueron desnudados, desvalijados de joyas, y llevados en un camión con la intención de ser arrojados en una mina abandonada. Una avería inesperada antes de llegar al destino hizo que se preparara apresuradamente una fosa poco profunda donde los cuerpos fueron depositados. De forma precipitada, se les prendió fuego con queroseno, y finalmente, a fin de evitar su reconocimiento, sus rostros fueron rociados con ácido. La fosa fue cubierta de forma relativamente somera y el camión pasó por encima para allanar el área).

Esta versión de los hechos concordaba con testimonios visuales, pero nunca fue oficialmente verificada. Durante más de sesenta años, todo tipo de versiones no oficiales se extendieron, entre ellas, que la princesa más

9/ La familia real rusa, con el zar Nicolás II y la zarina Alexandra en el centro, rodeados de sus hijos, Alexei (sentado en primera fila), y sus hermanas mayores, las Grandes Duquesas (de izquierda a derecha: María, Olga, Tatiana y Anastasia).

joven, Anastasia, había logrado escapar de la masacre y huir tras múltiples peripecias hasta los Estados Unidos, donde vivía con el nombre de Anna Anderson o incluso se dijo que el heredero, Alexei, a pesar de su hemofilia (enfermedad grave que se caracteriza por la falta de un factor de coagulación, lo cual limitaba extremadamente su posibilidad de supervivencia a una herida), habría sobrevivido de alguna forma a la masacre. Algunos historiadores proponen que, en parte, fue el terror de la zarina Alexandra a que su único hijo varón Alexei no sobreviviera a la hemofilia (enfermedad que ya era conocida en su familia, como descendiente directa de la reina Victoria de Inglaterra) el que quizás precipitó el final de la monarquía rusa, al arrojarla a buscar consuelo y falsas esperanzas en el autoproclamado sanador sagrado Rasputín. Excelente orador e hipnotizador, sus excesos sexuales, de corrupción y autoritarismo hartaron a la sociedad rusa.

A finales de los años 80, dos historiadores aficionados rusos relataron el descubrimiento de una fosa común a 20 millas de Ekaterimburgo que contenía cadáveres que podían corresponderse con la familia real rusa. Análisis oficiales por los forenses rusos demostraron que los cadáveres habían sido objeto de violencia por armas de fuego y presentaban heridas por arma blanca compatible con la hoja de una bayoneta. Además, los arcos faciales estaban destruidos, lo que hacía muy dificultosa la reconstrucción facial, pero tanto el sexo como la edad de los cadáveres indicaban la presencia de seis adultos y tres jóvenes, y el análisis de la dentadura (que presentaba implantes de oro, platino y porcelana, que sólo podían permitirse la nobleza) apoyaba que podía tratarse de los restos de la familia real.

Llegados a este punto, los especialistas rusos contactaron con los mejores especialistas forenses del momento, que se encontraban en el Reino Unido, en un esfuerzo conjunto anglo-ruso, ofreciéndoles efectuar el análisis genético de los cadáveres y así determinar si realmente se trataba de la familia del zar. Se extrajo ADN de la cabeza del fémur y se realizó un análisis combinado de marcadores nucleares, para determinar la relación de parentesco genético entre los cadáveres, y de marcadores de ADN mitocondrial, para establecer relaciones con los miembros de familias reales europeas vivos en aquel momento y con los que había relación de parentesco por vía maternofilial.

Los marcadores de ADN utilizados (microsatélites, que son extremadamente informativos, ver apartado 29) demostraron claramente la existencia de dos padres (potencial zar y zarina) y los restos de tres hijas, todas ellas de edad joven, mientras que los otros cuatro adultos de ambos sexos no tenían parentesco genético entre ellos ni con el núcleo familiar (compatibles, pues, con los sirvientes y el médico que habían sido asesinados simultáneamente). La asignación a la familia real mediante la identidad del ADN mitocondrial parecía conclusiva: el zar Nicolás presentaba la misma secuencia de ADN mitocondrial que dos descendientes actuales por vía maternofilial estricta desde su abuela materna (Louise de Hesse-Cassel, consorte del rey Christian IX de Dinamarca), mientras que la zarina Alexandra (nieta de la reina Victoria de Inglaterra) compartía el mismo ADN mitocondrial que sus tres hijas (obviamente) y que el príncipe Felipe de Edimburgo, consorte de la reina Isabel II de Inglaterra y bisbisnieto por vía maternofilial de la reina Victoria.

En el artículo que el grupo anglo-ruso publicó el año 1994 en *Nature Genetics* explicando sus resultados, añaden cautamente que faltan dos descendientes en la fosa, el zarevich Alexei y una de las hijas, pero que no pueden especular sobre la identidad de esta última. Por otra parte, en un último párrafo muy comprensible (incluida una clara alusión a una cierta manipulación sensacionalista de sus resultados por parte de los medios de comunicación) explican no sólo el cálculo de probabilidades de las pruebas de ADN sino la razón de verosimilitud calculada, añadiendo también otros factores objetivos contextuales, es decir, dónde fueron encontrados los cadáveres, las heridas que presentaban y el tratamiento con ácido del rostro, así como los implantes de las dentaduras, para finalmente concluir, con una probabilidad de 1 contra 700 de error, que habían realmente encontrado los restos del último zar y su familia.

A pesar de los datos científicos, la sociedad se dividió entre los que creían estos resultados, entre ellos el gobierno soviético y la mayoría de los científicos, y los que refutaban la validez de la identificación genética, entre ellos los remanentes de la familia Romanov, y la Iglesia Ortodoxa Rusa. Quizás vale la pena comentar brevemente los intereses cruzados que existían en la identificación de estos restos humanos.

Por una parte, los Romanov esperaban una rehabilitación formal del gobierno soviético, con una compensación económica y moral por lo que ellos creían que les había sido arrebatado en un acto de represión política. El gobierno soviético, sin embargo, siempre había aducido que el asesinato de la familia real rusa había sido un homicidio premeditado, pero sin relación alguna con el gobierno, y que no había lugar para una reparación oficial. El caso se consideraba cerrado.

Por otra parte, en la Iglesia Ortodoxa Rusa también se disputaba por los restos de la familia de los zares. La Iglesia se escindió entre los obispos que se quedaron en Rusia y los que emigraron durante su guerra civil. La Iglesia Ortodoxa Rusa de la diáspora los había canonizado como mártires religiosos en una ceremonia pública en Nueva York el año 1981. Mientras, los restos encontrados habían sido sepultados en el mausoleo real de la catedral de San Petersburgo, pero la Iglesia Ortodoxa Rusa de la diáspora no aceptaba la sepultura de restos santificados en la capilla real, demandando como precondición para la reunificación de la Iglesia que fueran aceptados como santos por ambas partes. Bajo esta presión, la Iglesia Ortodoxa residente en Rusia se opuso a la sepultura como familia real hasta que las dudas sobre su autentificación no hubieran sido totalmente disipadas y propuso un entierro en una tumba común como bajas de la Revolución. Finalmente, en el año 2000, aceptaron la canonización de toda la familia, en contra de numerosas opiniones internas.

Los ataques se tornaron virulentos. Como dijo Olga Kulikovsky-Romanov, la viuda de uno de los sobrinos del Zar: «... si ellos (los forenses) ni siquiera pudieron probar nada con el ADN de O. J. Simpson (un famoso caso criminal de los USA, ver apartado 5) y aquí se trata de huesos desenterrados después de ochenta años, como pretenden probar que pertenecen a la misma familia». Las críticas también fueron científicas y provinieron tanto de la potencial identificación de la Zarina como de la del Zar. Un reconocido genetista independiente, formado en los EE.UU., pero ruso de nacimiento, Evgeny Rogaev, fue contratado tanto por los descendientes de la familia Romanov actual como por el gobierno ruso para confirmar o refutar los datos genéticos.

Durante este debate, un equipo americano de Stanford tildó el análisis previo de ADN en la identificación de los restos como fraudulento y lleno de incongruencias y realizó un nuevo análisis centrándose en la caracterización de la Zarina, comparando la secuencia publicada del ADN mitocondrial de la Zarina con el ADN extraído de un dedo momificado de su hermana, la gran duquesa Elizabeth, y que, por tanto debería compartir el mismo ADN mitocondrial al compartir la misma madre, demostrando que se trataba de ADN mitocondriales distintos. Sin embargo, estos resultados no eran convincentes ni conclusivos, ya que tampoco coincidían con el ADN del Duque de Edimburgo, en la misma vía maternofilial de la Zarina y su hermana, hecho para el cual los autores no podían presentar explicación alguna. Finalmente, tuvieron que admitir que aunque los protocolos seguidos fueran en teoría correctos, el ADN extraído podía haber sido contaminado con el de alguna otra muestra y los resultados ser ficticios.

Respecto a la identificación del zar Nicolás II, la principal crítica se centraba en un dato genético (que en otros casos se considera meramente anecdótico): la posible heteroplasmia del Zar (se denomina *heteroplasmia* al fenómeno infrecuente en que una célula o un individuo hay dos poblaciones distintas de mitocondrias, que suelen diferenciarse únicamente en una sola posición del ADN). La secuencia del ADN mitocondrial del zar Nicolás mostraba en la misma posición, dos bases distintas, C y T. Este resultado (que, como ya hemos comentado, es infrecuente aunque ha sido descrito genéticamente) dio pie a los escépticos a pensar en una posible contaminación con ADN exógeno de otro individuo, invalidando así los datos genéticos de la identificación de los restos de Ekaterimburgo.

El análisis de más descendientes, por vía maternofilial, de Louise de Hesse (antepasada del zar Nicolás II) mostró que en la misma posición del ADN mitocondrial en que el Zar presentaba heteroplasmia, sus parientes presentaban C o T, lo cual apoyaba una posible heteroplasmia en alguno de sus parientes ancestrales. La controversia continuó hasta que en 1996 se demostró que el ADN extraído de los restos mortales del gran duque Georgij Romanov (el hermano del Zar, que murió de tuberculosis en 1899, a los 28 años) presentaba la misma heteroplasmia en el ADN mitocondrial. Nuevos análisis de ADN en los años 1997 y 1998 por el grupo de Evgeny Rogaev, a partir de una muestra del fémur de los restos del presunto Zar y de sangre extraída de un sobrino por vía maternofilial de Nicolás II, confirmaron la heteroplasmia y concluyeron que había compatibilidad entre los ADN mitocondriales analizados; así pues, el cadáver previamente identificado podía ser realmente el último zar de Rusia, con una probabilidad de error ínfima.

En medio de esta agria controversia, un comentarista científico publicó en la revista Science en el año 2004: «¿Y mientras tanto, qué pasa con los Romanov?... Quizás los Romanov no puedan descansar nunca en paz... Deben de estar removiéndose en su tumba».

Para amenizar más la situación, todavía quedaba una cuestión pendiente, la posible supervivencia de Anastasia y Alexei. Los rumores de la supervivencia de Alexei no tenían más fundamento que mantener la esperanza de un heredero que pudiera reclamar el trono de Rusia, pero nadie reclamó fehacientemente el puesto (el joven Alexei era hemofílico), y los rumores se acallaron. Sin embargo, la aparición de una joven en 1920 en una institución mental de Berlín que reclamaba ser Anastasia escindió de nuevo a la familia Romanov y a sus seguidores entre los que creían en sus declaraciones y los incrédulos que, aunque no creyeran que aquella joven mujer fuera realmente Anastasia, no pudieron tampoco establecer de forma creíble otra identidad. La joven se refugió finalmente en los Estados Unidos de América donde adoptó el nombre de Anna Anderson, que posteriormente devino Anna Anderson Manahan al casarse. El detective contratado por el Gran Duque de Hesse en los años 20 determinó que Anna Anderson era, en realidad, Franzisca Schanzkowska, una campesina polaca. Curiosamente, poco se averiguó de la vida de Schanzkowska antes de 1920. Se sabe que nació aproximadamente en 1896 y que vivió en Pomerania, una región alemana limítrofe con Polonia. Durante la Primera Guerra Mundial, fue herida en una explosión en una fábrica de munición en Berlín. Subsecuentemente, fue admitida en dos hospitales diferentes para enfermos mentales, pero desapareció justo antes de la aparición de Anna Anderson y su proclamación como la duquesa real anastasia.

Tras la publicación de la identificación de la familia real rusa en 1994, el mismo equipo forense de Manchester conjuntamente con un equipo americano fue requerido para analizar el ADN de Anna Anderson, ya que a pesar de haber fallecido, existían muestras biológicas que habían sido procesadas tras varias intervenciones quirúrgicas y conservadas en parafina, así como seis cabellos que eran suyos y habían sido preservados (el cabello es mayoritariamente queratina, excepto en su raíz, donde se encuentran las células que lo producen y de dónde se puede extraer ADN). Se extrajo ADN de ambos tipos de muestra y aunque el ADN estaba considerablemente degradado, permitió el análisis de al menos cinco microsatélites distintos de ADN nuclear y de las secuencias más variables del ADN mitocondrial, que son las que se utilizan para el análisis genético-forense.

El análisis de ADN confirmó en primer lugar que tanto las muestras conservadas en parafina como los cabellos pertenecían a la misma persona. Pero además, su perfil genético (su secuencia de ADN tanto nuclear como mitocondrial) fue comparado respecto al ADN nuclear, con los ADN del Zar y Zarina, según fueron identificados en la tumba de Ekaterimburgo. Este análisis descartó cualquier parentesco genético. Por otra parte, no solamente se comparó el análisis de ADN mitocondrial con el ADN de las mitocondrias del Príncipe de Edimburgo (que, como

10/ Las Grandes Duquesas cuando eran niñas, de izquierda a derecha: Olga, Tatiana, María y Anastasia.

ya se ha comentado, comparte por vía maternofilial el mismo ADN mitocondrial que la zarina Alexandra) sino que, además, se comparó con el ADN mitocondrial de Carl Maucher, un sobrino nieto por vía maternofilial de Franzisca Schanzkowska. Este análisis tampoco pudo observar coincidencias en seis posiciones distintas con el ADN mitocondrial de la Zarina, y en cambio reveló total compatibilidad con el ADN mitocondrial de Carl Maucher. Tras esta coincidencia genética, los autores contrastaron dos posibles hipótesis: 1) que Anna Anderson y Carl Maucher estuvieran relacionados por vía maternofilial, o 2) que la coincidencia fuera debida al azar. La secuencia de su ADN mitocondrial se comparó con más de 300 ADN mitocondriales caucásicos que se encontraba en los bancos de datos genéticos y no se encontró ninguna coincidencia total. Se calculó que el error de asignación genética en que los dos individuos comparados no tuvieran realmente ningún parentesco genético era menor que 1 en 300. No hubo controversia científica sobre estos resultados, publicados en *Nature Genetics* en 1995. Sólo el abogado de la familia Manahan continuó defendiendo que existía todavía la posibilidad de que Anna Anderson fuera Anastasia Romanov, dada la gran controversia que todavía existía sobre la identificación de los restos hallados en Ekaterimburgo. Pero su reclamo ya no tenía ningún apoyo científico.

Finalmente, en mayo de 2008 se dio a conocer a la prensa de que se habían encontrado los restos de los miembros de la familia Romanov que faltaban, el heredero Alexei, de 13 años, y su hermana mayor, la gran duquesa María (la identificación fue posible por la comparación entre el grado de osificación y desarrollo de las cuatro hermanas). Los restos humanos de los que parecían ser los últimos Romanov se encontraron relativamente cerca de los de su familia, en el claro de un bosquecillo en las afueras de Ekaterimburgo, en un lugar que había sido ya previamente excavado pero en el que había quedado una pequeña zona por terminar, debido a la falta de recursos económicos. De nuevo, unos historiadores aficionados dieron con el lugar haciendo excavaciones durante su tiempo libre en las cercanías de la ciudad durante el verano de 2007.

Para estos nuevos análisis genéticos se alistó a especialistas rusos junto al grupo reconocido del Dr. Evgeny Rogaev. Dada la polémica previa, y a pesar de que los resultados parecían concluyentes, los científicos procedieron con mucha cautela, ya que deseaban realizar la identificación genética de la forma más completa e indiscutible hasta el momento. La publicación científica, a inicios de 2009, demuestra la prudencia y exhaustividad con la que los genetistas abordaron esta vez la identificación genética (para un recuento completo, leer el material suplementario del artículo en que, por ejemplo, se cuenta cómo toda la zona de trabajo y el material era previamente descontaminado con lejía continuamente, y cómo los científicos trabajaban cubiertos totalmente como si fueran cirujanos para evitar la contaminación de ADN). Como comentó una científica rusa ubicada actualmente en la Universidad de Albany (estado de Nueva York): «La probabilidad de que los hubieran matado a todos era del 99'9%. Ahora con estos restos óseos, la probabilidad ya es del 100%. Los que lamenten estas noticias son aquellos a los que les gusta creer en el mito de los que pretendían pertenecer a la familia real».

El primer paso fue demostrar que, a pesar de que los huesos se encontraban en pésimo estado, tras haber sido quemados y enterrados en un lugar muy húmedo que favorecía la putrefacción, todavía había ADN que podía ser extraído y analizado. Se aplicaron con éxito técnicas muy novedosas para la extracción y amplificación de muestras ampliamente degradadas. Cuando este primer punto fue comprobado, se procedió al análisis genético, tanto del ADN mitocondrial como del ADN nuclear, para demostrar su relación de parentesco con las familias reales europeas así como la relación filial de los restos encontrados con el Zar y la Zarina. Estos resultados han sido concluyentemente positivos y han sido ya entregados a las autoridades competentes. Las secuencias completas de ADNmt obtenidas se han comparado con los bancos de datos de ADNmt y constituyen variantes extremadamente raras en la población que sólo se encuentran en las familias correspondientes. También se comparó la secuencia de marcadores específicos del cromosoma Y del posible Zarevich, el Zar y descendientes actuales europeos relacionados estrictamente por vía paterno-filial con el Zar. Los datos muestran concordancia absoluta entre los cromosomas Y, con lo que la identificación del Zar y su hijo varón y su afiliación familiar están demostradas. Además, se obtuvo ADN de la muestra de sangre de una camisa que perteneció a Nicolás II, camisa que está guardada como reliquia y que contiene restos de sangre de un atentado que sufrió durante una visita al Japón, la concordancia tanto del ADNmt como del ADN nuclear es completa en todos los marcadores analizados. Tomando todos estos datos conjuntamente: el ADNmt, los marcadores del cromosoma Y, junto con los marcadores nucleares la probabilidad de que la asignación de estos restos al zar Nicolás II no sea correcta es de 5×10^{-26} (prácticamente nula). Por último, los restos de esta última tumba están relacionados genéticamente de forma directa con los encontrados en la primera tumba (tanto en el ADNmt de la Zarina, como tras el análisis de marcadores nucleares) y son consistentes con la existencia de cinco descendientes de los zares: las cuatro Grandes Duquesas y el heredero Alexei.

La Iglesia Ortodoxa Rusa declinó hacer ningún comentario, como también declinaron los portavoces de los descendientes y parientes de la familia Romanov. Las dudas sobre la identificación de los restos de los Romanov han sido disipadas para la mayoría de los genetistas. Como concluye escuetamente la frase final del artículo: «Teniendo en cuenta todos nuestros datos de genotipado, se establece más allá de toda duda razonable que se han identificado los restos del último emperador ruso, el zar Nicolás II, su esposa la emperatriz Alexandra, sus cuatro hijas (las grandes duquesas Olga, Tatiana, María y Anastasia) y su hijo (el Príncipe heredero de la Corona, Alexei). Por tanto, ningún miembro de la familia de Nicolás II Romanov sobrevivió a la masacre».

Nueve décadas después de su cruento asesinato, los restos de los Romanov podrán, por fin, descansar juntos y en paz.

12. ¿ERA COLÓN HIJO DEL PRÍNCIPE DE VIANA?

Aunque este título podría haber sido distinto; por ejemplo: *¿Quién era realmente Cristóbal Colón?* Cada país tiene sus personajes misteriosos, sus Reyes y sus tumbas, y las técnicas de ADN forense pueden ser aplicadas en muchos restos que presentan dudas sobre su autenticidad. En el caso de Cristóbal Colón, la pregunta fue doble: ¿Dónde están sus restos enterrados? ¿En la catedral de Sevilla, o en Santo Domingo? Y puestos a deshacer entuertos, ¿por qué no averiguar los orígenes del gran descubridor? Una de las hipótesis era que Cristóbal Colón era mallorquín, hijo no reconocido del Príncipe de Viana y de una amante noble de este último, durante su estancia en la isla de Mallorca. Otros autores sostienen que esta hipótesis tiene pocos visos de realidad, ya que el Príncipe de Viana estuvo en Mallorca hacia 1560 y, dado que Cristóbal Colón murió en 1506, a los 70 años de edad (según relató Andrés Bernáldez, amigo del descubridor), habría un baile de números y edades significativo. Otros autores defienden que lo más probable es que el gran descubridor fuera ibicenco, además de aquellos que defienden que Colón era genovés o portugués.

Así que, por una parte, existe toda una investigación forense para determinar la autenticidad de los restos de Cristóbal Colón, y por otra, para determinar si éstos son o no compatibles con una relación filial respecto al Príncipe de Viana. Distintos grupos de investigadores se dedicaron en paralelo a estas cuestiones, y así fue como se exhumaron los restos parcialmente momificados atribuidos al Príncipe de Viana y enterrados como tales en el monasterio cisterciense de Poblet, en el sur de Cataluña. Ante los repetidos traslados de los restos en siglos anteriores (por ejemplo, en 1935 fueron trasladados desde la Catedral de Tarragona hasta su presente ubicación en Poblet), se pidió permiso para la autentificación de los restos comparándolos con los de su madre,

11/ Retrato del almirante Cristóbal Colón.

Blanca I de Navarra, que habían sido trasladados en 1994 al Monasterio de Santa Maria la Real, en Segovia. La comparación del ADN mitocondrial podría confirmar su relación maternofilial.

Adicionalmente, y dado la tradicional consanguinidad entre las casas reales europeas, las secuencias de ADN mitocondrial de Blanca I de Navarra y el Príncipe de Viana deberían coincidir exactamente con el la zarina Alexandra de Rusia, el actual Príncipe de Edimburgo (consorte de la reina Isabel II de Inglaterra) y con Juana de Habsburgo (tataranieta de Blanca de Navarra), enterrada en la capilla de los Medici en Florencia. Juana de Habsburgo nació del enlace de Anna de Jagiellon-Foix (bisnieta de la reina Blanca de Navarra) y el Archiduque Fernando de Austria, hermano del emperador Carlos V, de cuyo matrimonio desciende toda la rama de los Habsburgo en Austria, todos unidos por estricta vía maternofilial, a pesar de haber una distancia temporal y generacional de 800 años (desde el siglo XIII hasta la actualidad).

Las dudas sobre la autenticidad de los restos se vieron agravados tras el estudio antropológico que denotó que lo que se consideraba un único individuo contenía en realidad los restos de tres cadáveres distintos: con una columna vertebral independiente de los restos parciales de dos momias de orígenes diferentes. La manipulación en la reconstrucción para que pareciera un único cuerpo era obvia, ya que se podía observar la mella dejada por una sierra en la base de la columna vertebral. Por otra parte, la región superior del cuerpo, que comprendía el tronco, un brazo y un cráneo con la región facial desfigurada, pertenecía a un hombre de mediana edad. Las tres distintas partes del cuerpo fueron analizadas por separado, con el fin de extraer ADN y compararlo con el de sus parientes genéticos y determinar si alguna de ellas había pertenecido al Príncipe.

Para el análisis genético de estos restos se contó con diversos grupos especializados en antropología física y análisis forense de la Universidad de Granada (que analizó los restos del Príncipe de Viana) y de la Universidad Autónoma de Barcelona (que analizó los restos de la reina Blanca I de Navarra). Estos análisis demostraron sin lugar a dudas que los restos humanos pertenecían a tres individuos distintos y que ninguno de ellos correspondía con el Príncipe de Viana, al no haber coincidencia del ADN mitocondrial con sus parientes. Quizás lo más sorprendente e inesperado del caso es que tampoco hubo coincidencia con los supuestos restos de Blanca I de Navarra, ya que éstos tampoco coincidieron con la secuencia de ADN mitocondrial de sus descendientes actuales por línea maternofilial (que sí coinciden entre ellos). Todo lo cual nos lleva a considerar que los restos humanos de ambos deben descansar en algún otro lugar, y que la hipótesis de que Cristóbal Colón fuera hijo del Príncipe de Viana no podrá ser comprobada.

¿Y qué pasa con los restos de Colón? La historia conocida relata que la voluntad de Colón era ser enterrado en las Américas, pero cuando murió, fue enterrado en un monasterio de Valladolid. Tres años después, se trasladaron sus restos al monasterio de La Cartuja en Sevilla, hasta que en 1537 y a instancias de su nuera (viuda del hijo legítimo de Colón, Diego), se trasladaron los restos de Colón y su hijo a la catedral de Santo Domingo, construida hacía poco. Sin embargo, en 1795, cuando la isla La Española fue cedida a Francia, se desenterraron los restos de detrás del altar mayor y se trasladaron a La Habana, hasta que durante la guerra con los Estados Unidos en 1898, los presuntos huesos de Colón, o lo que quedaba de ellos, fueron enterrados de nuevo en Sevilla. Hasta aquí la historia española. Los dominicanos cuentan algo distinto, ya que ellos creen poseer los restos verdaderos de Colón. En 1877, durante unas excavaciones en la catedral de Santo Domingo, se encontró una urna, con trece fragmentos grandes de hueso y veintiocho más pequeños. En la urna, una sencilla inscripción: «Varón ilustre y distinguido, don Cristóbal Colón».

De nuevo, múltiples traslados y hasta seis localizaciones consecutivas en el tiempo. Una de las posibles opciones es que se mezclaran los huesos de Colón y de su hijo Diego entre tanto traslado. Los huesos que hay en la cripta de Sevilla son escasos, no llegan al 15% de lo que cabría encontrar en un cadáver de medio milenio de antigüedad. Podría tratarse de que clérigos o custodios fueron despojando los restos, a modo de reliquias, o bien, que se partieran los restos y parte quedaran en Santo Domingo, sin ninguna exclusión de las hipótesis anteriores. Varios equipos de genetistas forenses e historiadores de la Universidad de Granada han dedicado esfuerzos a identificar los restos que se encuentran en Sevilla, y han conseguido los permisos para las exhumaciones y obtención de muestras para su análisis forense. Las autoridades de Santo Domingo denegaron primero la obtención de ADN de sus restos, aunque posteriormente concedieron el permiso. Sin embargo, no se han hecho públicos los resultados.

La comparación de los restos exhumados en Sevilla (escasamente 200 g) se ha hecho en varios laboratorios forenses europeos. Los huesos tienen la antigüedad correcta, poco más de 6.000 meses, y la secuencia del ADN mitocondrial es coincidente con la de los restos de su hermano, Diego Colón, con lo que la tumba de Sevilla contendría los restos (o al menos, parte de los restos) del famoso almirante. Y, sin embargo, continúan las incógnitas ¿Se dividieron los restos de Colón y parte de ellos permanece en Santo Domingo? ¿Se mezclaron los restos de Colón y su hijo? ¿Cuál es el origen de Colón? Una de las hipótesis, apoyada por pruebas del uso de lenguaje, es que era de origen catalán. Con el fin de demostrar si eso es posible, se han obtenido muestras de ADN de 150 varones catalanes de apellido Colom para compararlos con los del ilustre descubridor.

Curiosamente, los huesos de humanos ilustres son los que no parecen tener nunca descanso.

IV

EL PASADO REVISITADO

13. MUJERES Y HOMBRES TRANQUILOS

Cheddar es una región tranquila en Somerset que da nombre a un conocido tipo de queso inglés. En esta región fértil, de suaves ondulaciones, existen restos de la ocupación humana desde la época de la Edad de Piedra. El esqueleto humano completo más antiguo hallado en terreno británico, datado hacia el 7150 AC, fue hallado en una de las cuevas en Cheddar en 1903. Era varón, y probablemente murió de forma violenta, quizás en algún rito caníbal, como los que en aquella época se practicaban. Actualmente su residencia está en el Museo de Historia Natural de Londres bajo el epígrafe *El Hombre de Cheddar*.

En 1996, Bryan Sykes de la Universidad de Oxford obtuvo permiso para extraer ADN de uno de los molares del Hombre de Cheddar. Los dientes son particularmente resistentes al deterioro del paso del tiempo, protegidos dentro de las mandíbulas. De su raíz se puede obtener suficiente ADN para amplificarlo por PCR y analizarlo. Si la muestra es particularmente antigua, como en este caso, lo más seguro es analizar la secuencia del ADN mitocondrial. Y esto es lo que este investigador realizó, encontrando que el ADN mitocondrial del Hombre de Cheddar no era particularmente inusual, sino que presentaba una secuencia denominada *haplogrupo* U5a, que es especialmente frecuente en Gran Bretaña, Irlanda y el País Vasco, y que se cree es el haplogrupo de ADN mitocondrial más antiguo de los europeos modernos (es decir, humanos no neandertales, o lo que es lo mismo, *Homo sapiens sapiens*). Una de las hipótesis de trabajo del Dr. Sykes era la posibilidad de que todavía en la región de Cheddar pudiera haber un pariente genético con igual secuencia al ADN mitocondrial del ancestro de Cheddar de hace más de 9000 años, dado que las migraciones humanas se dan mayoritariamente en períodos de escasez alimentaria o de ocupación militar y que, en general, los humanos son sedentarios si el terreno es fértil. Sykes y su equipo extrajeron el ADN mitocondrial de muestras de veinte residentes actuales de Cheddar. Se otuvieron tres secuencias que concordaban parcialmente, dos concordaban totalmente y eran dos niños que todavía asistían a la escuela, con lo que su nombre quedó protegido, y otra secuencia mostraba una única mutación y correspondía a un maestro de historia de la escuela local, Adrian Targett, que vive a menos de un kilómetro de la cueva donde se halló el esqueleto de su «pariente». El hecho de que el análisis fuera restringido a sólo veinte residentes (3 resultados positivos de 20, es más de un 10%) lo hace todavía más significativo, ya que significa que ese linaje mitocondrial concreto es relativamente frecuente en la zona, y además, que todos los habitantes actuales que lo poseen están emparentados genéticamente a través de mujeres.

Este resultado también fue de interés para los historiadores, ya que el Hombre de Cheddar vivió 3000 años antes de que la revolución del Neolítico y la implantación de la agricultura llegase a las islas británicas. El hecho de que el ADN mitocondrial haya perdurado intacto hasta la actualidad sugiere que la revolución neolítica no implicó el genocidio de los antiguos habitantes de las islas, que eran en su mayoría cazadores-recolectores, sino que hubo mezcla genética. Para este maestro de escuela, y para los dos alumnos, sin embargo, significó que habían encontrado un pariente genético por vía materno filial estricta. Dado que todos son varones, no hay ascendencia directa, sino que hubo una misma mujer ancestro para todos ellos. Además, implica que la línea materna se ha mantenido intacta a lo largo de 360 generaciones de mujeres (asumiendo 4 generaciones femeninas cada siglo y los 9000 años de distancia), y en esos momentos, fue todo un hito científico, ya que era el linaje humano más largo que hasta aquel momento se había podido trazar.

Este tipo de estudio se está generalizando en otros lugares de Europa, e incluso puede analizarse la herencia estrictamente paternofilial, a través del cromosoma Y. Esto es lo que sucedió en verano de 2008, cuando se publicaron los resultados obtenidos de la comparación de restos humanos antiguos con humanos actuales, esta vez localizados en otra tranquila región teuropea, en las montañas de Harz, Alemania. También de antiguo se sabía que en las cuevas de estas montañas había habitado una población humana durante la Edad de Bronce, en el Paleolítico. La cueva de Lichtenstein, sin embargo, había permanecido enterrada hasta 1980, y no fue hasta 1993 que se descubrieron cuarenta esqueletos humanos, de aproximadamente 3.000 años de antigüedad. Los esqueletos estaban tan bien conservados que los antropólogos de la Universidad de Goettingen pudieron extraer y analizar ADN. El análisis genético reveló que la mayor parte de los esqueletos pertenecían a la misma familia.

En particular, los investigadores, del grupo de la Dra. Suzanne Hummel, se centraron en el cromosoma Y de los varones, heredado por vía estrictamente paternofilial. Una de las sorpresas fue identificar unas variantes genéticas muy particulares de los marcadores analizados. Una secuencia única. De nuevo, los investigadores recabaron la ayuda de la población, y mediante la publicación de anuncios recogieron muestras de saliva (contiene células epiteliales de la mucosa bucal) de 270 habitantes varones de los pueblos de la zona, para así determinar si hubiera parientes genéticos que compartieran estas variantes del cromosoma Y. La extracción de ADN a través de muestras salivales es rápida y eficiente. Y el esfuerzo tuvo éxito. Aunque esta vez el porcentaje de varones que compartían el cromosoma Y con el hombre de la Edad de Bronce era menor (sólo 2 de 270, poco menos de un 1%).

Ambos hombres, Manfred Huchthausen (también maestro de escuela) y Uwe Lange, están encantados y reconocen estar todavía sorprendidos por haber encontrado un antepasado común, que vivió hace aproximadamente 120 generaciones, y que les transmitió directamente, o a través de un hermano o pariente varón, el mismo cromosoma Y a ambos, vía paterna, varón tras varón.

Y es que todos tenemos ancestros, y seguro que todos estamos emparentados en un grado u otro (se calcula que, de promedio, dos humanos cogidos al azar son primos quintos-primos sextos), pero cuando uno encuentra sus raíces, tan antiguas, no puede evitar estremecerse.

14. ¿UNA EVA O MÚLTIPLES EVAS?

Como ya hemos ido indicando repetidamente, el análisis del ADN mitocondrial revela parte de nuestra historia ancestral, aquella que debemos a nuestras madres, abuelas y madres de nuestras abuelas. Dado que se hereda directamente por vía maternofilial, puede servir para establecer relaciones genéticas e históricas a través del tiempo, siempre por vía materna (lo mismo sucede con el análisis del cromosoma Y en la vía estrictamente paterna ver los dos siguientes apartados, 15 y 16).

La secuenciación completa del genoma mitocondrial y el abaratamiento de esta técnica ha comportado una gran cantidad de información sobre la historia femenina a lo largo de las generaciones y de la historia. Se conoce cuál es la tasa de mutación y cambio a lo largo del tiempo, con lo que actualmente se puede analizar y categorizar las distintas secuencias de ADN mitocondrial según su parentesco y relación genética. En principio, las secuencias de ADN mitocondrial que son más cercanas genéticamente deberían estar también más cercanas geográficamente, puesto que hay parentesco. ¿Y esto qué implica realmente? Pues que se pueden analizar las migraciones femeninas a lo largo de la geografía y la historia, y contestar cuestiones tales como si realmente el parentesco entre lenguas corresponde, a su vez, a parentesco genético (por algo se habla de la lengua materna), una de las cuestiones más debatidas entre lingüistas. O bien responder hasta qué punto hubo migración de mujeres o de varones, con las sucesivas mareas migratorias originadas en África durante la colonización humana del mundo (la hipótesis Out-of-Africa) o bien, durante el Neolítico. Y todas estas cuestiones pueden ser tratadas analizando el ADN mitocondrial como un primer paso en la reconstrucción de la prehistoria humana. Por tanto, se puede hacer arqueogenética (la aplicación de técnicas genéticas al estudio de la historia humana).

El primer estudio poblacional a gran escala de ADN mitocondrial se hizo sobre nativos amerindios y se centraban en el origen, tiempo y números de migraciones ancestrales desde Asia. Así surgió la nomenclatura actual, con el nombre de haplogrupos tales como A, B, C y D, con sus subclasificaciones. Si dos ADN mitocondriales, aun no siendo idénticos, pertenecen ambos al haplogrupo A, es que derivan del mismo ADN ancestral. Poco a poco, más y más clases se fueron añadiendo, así como numerosas subclases, en una ordenación jerárquica que después se ha utilizado de forma muy similar para clasificar los haplogrupos del cromosoma Y (ver siguiente apartado).

Una de las grandes controversias es averiguar cuántas Evas hubo (es decir, cuántos ADN mitocondriales distintos ancestrales). Quizás no hay una solución única. Lo que parece sumamente claro es que la diversidad entre ADN mitocondriales africanos es muy superior a la que se puede encontrar en el resto del mundo. Un estudio exhaustivo muestra al menos 26 grandes tipos de ADN micotondriales distinguibles, que se encuentran por ejemplo entre mujeres etíopes, pero que si miramos las mujeres europeas, asiáticas o aborígenes australianas, quedan restringidos mayoritariamente a sólo 2 grandes grupos. De aquí se extraen varias conclusiones, en primer lugar el tiempo: todos los ADN mitocondriales actuales parecen remontarse hasta un único tipo hace unos 200.000 años, lo cual no quiere decir que no hubiera más mujeres contribuyendo al ADN mitocondrial, o que los humanos se generaran justamente entonces, sino que sugiere una población humana limitada en su número, con efecto fundador y deriva genética (de forma que durante generaciones se heredó básicamente uno de los tipos). Por otro lado, indica claramente que la hipótesis *Out-of-Africa* es cierta, y que sólo unas pocas mujeres (por tanto, pocos linajes de ADN mitocondrial) migraron para poblar y colonizar el resto del mundo, y estas mujeres, muy probablemente, migraron y se expandieron desde el cuerno de África y el Golfo Pérsico, hace unos 60.000-65.000 años, dirigiéndose hacia la región meridional de Eurasia (la India actual, donde se tiene relativa diversidad) y el sureste asiático. Sólo hace unos 45.000 años se iniciaría la población de la región interior del continente asiático, probablemente cuando las condiciones climáticas y la mayor tecnología lo permitieron. Una de las migraciones marginales y tardías probablemente fue la que llegó hasta Europa.

De hecho, el análisis de los ADN mitocondriales europeos revelan el mismo subgrupo de haplogrupos que los que se encuentran en Oriente Medio, y que éstos están alejados de los que hay entre mujeres subsaharianas o del este asiático confirmando, por tanto, que las mujeres de Oriente medio y Europa poseen unos ADNmt más parecidos, y están emparentadas genéticamente. Este parentesco se sitúa alrededor de 40.000 años atrás.

Un punto polémico es hasta qué punto la revolución neolítica implicó el barrido de los genotipos ancestrales europeos por los nuevos inmigrantes con mayores conocimientos técnicos. Los datos del ADN mitocondrial apoyan que aproximadamente el 75% de los habitantes europeos actuales tienen ancestros dentro del Paleolítico o el Mesolítico, con lo que la migración del Neolítico se mezcló genéticamente con los humanos que ya habitaban Europa, introduciendo algunas secuencias más «jóvenes» de ADN mitocondrial sobre una base de haplogrupos más ancestrales que ya presentaba la población autóctona.

Curiosamente, este estudio del ADN mitocondrial ha revelado la relevancia que tuvo durante la glaciación el refugio franco-cántabro (región actual del país Vasco español-francés) en la conservación de distintos haplotipos del norte y del sur de Europa, todos convergiendo en la misma zona. Después de la época glacial hubo una reexpansión y colonización a partir de esta zona (aproximadamente hace 11.500 años).

Datos que actualmente incluyen el análisis de ADN autosómico (de los cromosomas no sexuales) añaden más complejidad al sistema, ya que detectan que en algunas regiones del genoma (ilustrado por el pseudogen DMAHp) ha habido intercambio de información con poblaciones humanas mucho más arcaicas, ya que se encuentran secuencias que divergieron hace casi 3 millones de años, lo cual fue chocante y provocador cuando se publicó. ¿Quién se imagina a un *Homo erectus* y un *Homo sapiens* teniendo descendencia? Actualmente, pues, no se puede concluir que hubo sólo una Eva, ni siquiera si hubo muchas. Más aún, somos un mosaico genético con restos de muchos antepasados distintos. De momento, sabemos que los humanos se mezclaron genéticamente con otras especies de *homo* muy cercanas, y que los humanos anatómicamente modernos emigraron desde África y poblaron el resto del mundo hace unos 60.000 años. También conocemos que nuestra población europea no es más que el resultado de la mezcla genética de al menos dos olas de emigración, una más antigua, que dio lugar a todas las civilizaciones del Paleolítico, y otra más reciente, de los humanos que trajeron consigo la agricultura, en la expansión del Neolítico, mezclándose con los primeros. Y todo ello, genéticamente mezclado y servido junto con sucesivos cuellos de botella evolutivos, como las muertes masivas acaecidas por epidemias (como la de la peste bubónica durante la Edad Media, que eliminó a más de un tercio de la población europea), ha dado lugar a lo que somos actualmente.

15. ISLAM Y CRUZADAS, MOROS Y CRISTIANOS

No hay duda de que la información que proporciona para la genética forense resolver incógnitas del pasado y retratar sucesos históricos captura vívidamente la imaginación de la sociedad.

Comparado con otras especies de simios, los humanos no presentamos una gran variabilidad genética, a pesar de que tenemos una población mucho mayor y una distribución más amplia. Esta menor variabilidad se explica mayoritariamente por factores geográficos, pero existen otros factores que podrían contribuir a ello, como la etnia, el lenguaje o la religión. Dado que no es frecuente, las poblaciones en que estos factores alternativos adquieren una especial relevancia en su estructura genética son objeto de particular estudio.

El Consorcio del Proyecto Genographic (que implica a National Geographic, IBM, la Waitt Family Foundation y Applied Biosystems), con la ayuda de reconocidos científicos, tiene como objetivo diseccionar la relación genética entre las poblaciones humanas y las migraciones. En particular, nos centraremos en su análisis de la variabilidad genética de El Líbano, que por su situación geográfica privilegiada, en la costa del Medio Oriente, ha recibido migraciones e invasiones sucesivas con una posible aportación genética distinta.

El Líbano es un pequeño país de la cuenca este del Mediterráneo. Fue ocupado por primera vez hace 49.000 años (47.000 años aC) y ha sido habitado desde entonces, incluso durante el desfavorable período de la última glaciación (hace 18.000-21.000 años). Está situado cerca del fértil valle donde se inició la transición al Neolítico hace unos 10.000 años, y de forma sucesiva, dada su situación intermedia y costera, fue conquistada por asirios, sumerios, persas y romanos, y fue terreno de paso para griegos y egipcios, todos los cuales pudieron dejar su legado genético. Además, durante un período, su población, los fenicios fueron amos del mar y establecieron rutas comerciales marítimas por todo el Mediterráneo. En tiempos históricos más recientes, tres movimientos migratorios podían haber contribuido al acervo genético de la población: En primer lugar, la invasión musulmana que se originó durante el siglo VII dC desde la Península Arábiga con el fin de expandir la fe de Mahoma. Una segunda migración pervasiva, durante los siglos XI a XIII dC, con los enclaves cristianos que se establecieron con las Cruzadas que la Europa occidental envió para recuperar Tierra Santa. Finalmente, una tercera expansión, la del Imperio Otomano durante el siglo XVI de nuestra era, que ocupó la región hasta entrado el siglo XX. Actualmente en El Líbano, viven 4 millones de habitantes de una gran variedad étnica y religiosa, mayoritariamente (pero no exclusivamente) musulmanes, cristianos y drusos.

Dado que del genoma humano nuclear, el cromosoma Y es el que contiene la mayor región de ADN que no recombina y que se mantiene y transmite exclusivamente por vía paternofilial masculina (ver apartado 31), el análisis de los científicos se centró en este cromosoma. A lo largo del tiempo, se acumulan en el ADN (por tanto, también en el cromosoma Y) mínimos cambios, o mutaciones, que permiten establecer linajes de mayor/menor relación genética. El estudio analizó las secuencias variables del cromosoma Y, concretamente microsatélites y SNP (ver apartado 29), para establecer haplogrupos. Un haplogrupo es un conjunto de marcadores localizados de forma próxima dentro de un cromosoma que se heredan de forma conjunta. Por tanto, cuando se analizan se encuentran combinaciones preferentes, lo que permite establecer grupos de cromosomas que comparten la misma secuencia o haplogrupo. De forma que los investigadores agruparon los cromosomas Y por haplogrupos, infiriendo que los hombres incluidos en el mismo haplogrupo estaban emparentados de forma más cercana que otros hombres cuyo Y se encontraba en haplogrupos distintos. El objetivo era determinar si la variabilidad genética en el cromosoma Y se relacionaba con la región geográfica, u otro factor, y hasta qué punto la variabilidad podía ser relacionada con sucesos conocidos históricos o prehistóricos.

Los investigadores genotiparon a 926 voluntarios de género masculino, situados en distintas regiones libanesas, y pertenecientes a distintas etnias y religiones, pero que cumplían el requisito de un mínimo de tres generaciones ancestrales originarias de El Líbano. En la mayor parte de poblaciones, este tipo de análisis suele agrupar a las personas por su origen geográfico. Sorprendentemente, los genetistas observaron que a pesar de la elevada variabilidad genética (esperable por ser un lugar de paso, y habitado por numerosas etnias), los haplogrupos agrupaban a los hombres por afiliación religiosa en lugar de por geografía. Y dentro de la misma afiliación, no había diferencia alguna por región. A partir de este resultado se planteó la hipótesis de si las migraciones conocidas dentro de la historia podrían haber influido en esta situación actual. Para poder comparar los resultados, se utilizaron los haplotipos genotipados y publicados anteriormente, o bien los obtenidos de voluntarios del mismo Proyecto Genographic. Para la Península Arábiga se utilizaron los haplogrupos de poblaciones de los Emiratos Árabes Unidos, Yemen, Qatar, Omán y Arabia Saudí. Para los haplogrupos europeos, se utilizaron los de los componentes mayoritarios de las Cruzadas: Francia, Alemania, Inglaterra e Italia (con una aportación de cruzados bastante pareja si se consideran la composición de las Cruzadas Primera, Segunda, Tercera y Sexta, que fueron las que llegaron hasta El Líbano) mientras que para la comparación con el cromosoma Y de otomanos, se utilizaron los datos de los haplogrupos de Turquía.

Por ejemplo, uno de los haplogrupos del cromosoma Y muy frecuente en la Península Arábiga, de donde presuntamente proceden los musulmanes, era mucho más frecuente entre los libaneses de religión musulmana que entre los no musulmanes. De igual forma, un haplotipo del cromosoma Y relativamente frecuente en las regiones occidentales (Islas Británicas y Francia) de Europa era más frecuente entre los libaneses cristianos que entre los no cristianos. De hecho, el haplotipo más frecuente era hasta el momento considerado típico de la población masculina europea occidental (no se encuentra en ninguna otra población analizada no europea) y no se podía explicar su frecuencia entre la población libanesa sin suponer cruzamiento genético, con un cálculo aproximado de 32 generaciones desde su introducción, lo que cuadra con que fue introducido durante las Cruzadas.

Cálculos parecidos permitieron inferir que el haplotipo procedente de la Península Arábiga no fue producido al azar sino introducido. En cambio, cuando se consideró la posible inclusión de cromosoma Y de Turquía (Imperio otomano), no se consiguió ningún resultado significativo estadísticamente, por lo que su aportación o no fue tan relevante para la variabilidad actual, o quedó diluida al no quedar restringida a un conjunto poblacional concreto reconocible. Evidentemente, los científicos encontraron otros haplogrupos dentro de la población compartidos entre regiones, y religiones distintas que probablemente proceden de haplogrupos anteriores ancestrales.

Esta estructuración por religión, con fechas aproximadas que relacionan la variabilidad gené-

12/ Uno de los sellos usado por los templarios.

tica con hechos históricos, es muy infrecuente. Por ejemplo, no pudo ser detectada en la India cuando se analizó la variabilidad entre indios musulmanes o hindúes, ni en los linajes paternos ni en los maternos. Uno de los pocos casos en que sí se ha observado que la religión es un factor relevante para la estructuración genética, es entre los judíos, pero sólo cuando se considera el linaje maternofilial, y no en el paterno.

Para explicar lo sucedido en El Líbano, hay que suponer una organización cerrada dentro de los grupos poblacionales, y un cierto aislamiento genético debido a las distintas prácticas religiosas, para que esta organización se mantuviera estable durante el tiempo. Esto implica que, al menos en El Líbano, esta organización cerrada genéticamente se ha mantenido relativamente estable durante 1.300 años después de la primera invasión musulmana y 800 años después de la última cruzada.

Y también implica que, dada la tecnología y los marcadores genéticos adecuados, somos capaces de detectarlo.

16. EL LEGADO DE LOS FENICIOS

El éxito de los datos obtenidos en el análisis de la huella genética de migraciones e invasiones en El Líbano animó a los científicos y al Consorcio Genographic a plantearse un reto mayor. ¿Se podría, a partir del estudio del cromosoma Y, más un buen diseño experimental y un análisis informático adecuado, rebuscar en los orígenes poblacionales huellas genéticas de migraciones más antiguas y más complejas? Dado que se disponía de datos muy fiables de la estructura poblacional de El Líbano, lugar geográfico de la antigua Fenicia, ¿por qué no identificar si había restos del legado genético de los fenicios en el Mediterráneo? Este estudio internacional ha revelado a través del análisis del cromosoma Y que aunque el imperio e influencia de los fenicios se extinguió, su legado genético está todavía presente y mayor de lo que se estimaba.

Los fenicios, originarios de Oriente Medio, fueron un pueblo marinero emprendedor que durante el primer milenio antes de Cristo se expandieron y establecieron rutas de navegación comerciales por todo el Mar Mediterráneo, fundando un imperio comercial. Las importantes ciudades marítimas de Tiros, Biblos, Sidón y Arwad eran fenicias, y en su expansión, establecieron colonias a su paso, llegando incluso hasta la Península Ibérica y el norte de África, donde fundaron Cartago (en la actual Túnez), que devino su ciudad más importante. De Cartago partió el comandante militar Aníbal para atravesar los Alpes y retar al mismo Imperio Romano. El dominio fenicio terminó cuando fueron vencidos por Roma, y aunque mucha información sobre este enigmático pueblo se destruyó, quedan restos arqueológicos documentados y detallados relatos de sus coetáneos egipcios y griegos, y de historiadores como Plinio el Viejo y Avieno.

El reto principal de este trabajo era diseccionar la posible aportación genética de otras invasiones y migraciones, tan frecuentes en la historia del Mediterráneo. Se podría considerar que la genética de los habitantes actuales de las costas del Mare Nostrum son como un puzzle de múltiples piezas legadas desde los pobladores originales del Paleolítico, a la migración del Neolítico desde Oriente Medio (8.000 AC), la expansión griega o la romana, la diáspora judía, o las invasiones islámicas. Los científicos no conocían, *a priori*, nada sobre la genética de los antiguos fenicios, pero podían basarse en la historia. Se sabía dónde habían establecido colonias y dónde no. Y a partir de estos datos históricos y de los análisis previos iniciales sobre la población masculina actual libanesa, se establecieron las bases para los análisis genéticos posteriores. El diseño experimental se centró en el estudio de la estructura genética del crosmoma Y de la población de El Líbano actual que no procedía de las invasiones islámicas ni de las cruzadas (ver apartado anterior) y que correspondía a una base genética más antigua, comparándolo con el que presentaban el crosomoma Y de localizaciones que se sabía habían sido colonias fenicias establecidas, y en contraposición a la que presentaban poblaciones cercanas en las que los fenicios no se establecieron (y que, por ejemplo, habían sido colonias griegas). La hipótesis operativa era que si se estudiaban localizaciones distribuidas por todo el Mediterráneo, con el único criterio común de haber sido ocupados por los fenicios, la base genética común, si existía, podría ser atribuída a éstos.

Además de las muestras de El Líbano (apartado anterior) se genotiparon muestras de 1.330 varones procedentes de Chipre, Creta, Malta, Sicilia, Cerdeña, Ibiza, el sur de España, la costa de Túnez y la ciudad de Tigris en Marruecos, con el único requisito de que estuvieran enraizados en sus localidades desde al menos tres generaciones anteriores (la rememoración de los ancestros no suele llegar más allá de los bisabuelos). Su ADN fue comparado con el de varones de lugares europeos donde los fenicios no se habían establecido. Este enfoque permitió descubrir variantes genéticas (haplogrupos) más frecuentes en los varones de los lugares donde habían residido los fenicios, permitiendo establecer una correlación genotípica que, además, coincidía con un origen común en la región de El Líbano actual, la antigua Fenicia. Notablemente, esta aportación no es pequeña, sino que se ha calculado que los haplogrupos del cromosoma Y aportado por los fenicios están presentes en más del 6% de la población masculina en los lugares colonizados. O lo que es lo mismo, al menos uno de cada 17 hombres tiene un antepasado fenicio, por vía paternofilial.

Lo más interesante del trabajo, además de la comprobación histórica, es la demostración de que este tipo de estudio, aun siendo ambicioso, es efec-

13/ Moneda fenicia.

tivo, y permite el estudio sistemático de otras contribuciones históricas militares, como las expansiones griega de Alejandro el Magno en Asia Central y del Sur, la del Imperio Mongol hacia China y Rusia o económicas, como las rutas comerciales de la seda y especias establecidas entre el Lejano Oriente y Europa. Todas han contribuido a lo que somos actualmente.

V

DE VINOS Y LINAJES

17. IN VINO VERITAS

El vino forma parte de nuestra cultura y, tomado con moderación, es uno de los ingredientes de la famosa dieta mediterránea. Sus polifenoles (sobre todo en el vino tinto) son antioxidantes y uno de sus componentes, el reverastrol, es un conocido compuesto antienvejecimiento. Mucho antes de que esto se supiera, ofrecer vino era una muestra de hospitalidad y ninguna celebración importante podía ocurrir sin acompañarse de vino. Se sabe que con la implantación del Neolítico se extendió el cultivo del trigo y también de los viñedos. La primera gran borrachera conocida fue, presuntamente, la de Noé en las Sagradas Escrituras, donde se relata que sus hijos aprendieron a cultivar vides y obtener vino tras el Diluvio Universal. Y Dionisos y Baco fueron dioses adorados por su prodigalidad entre griegos y romanos, respectivamente.

Dado que las características de cada uva y sus cualidades organolépticas son heredadas genéticamente, el hombre aprendió pronto a que, cuando encontraba una buena cepa, no debía obtener descendientes por reproducción sexual, en la que cada nuevo descendiente presenta una combinatoria distinta de características, sino que, si deseaba mantener las mismas características, debía obtener descendencia vegetativamente (asexualmente), de forma clónica (la gran mayoría de plantas permiten la reproducción clónica o vegetativa mediante esquejes, bulbos, tubérculos, rizomas...), mediante la plantación de sarmientos, directa o indirectamente, a través de injertos sobre pies de cepa.

La emigración de europeos hacia las colonias americanas, africanas y australianas principalmente hizo que el gusto europeo y mediterráneo por el vino (el buen vino, se entiende) se extendiera, y con ello, la emigración de cepas y variedades europeas que se implantaron por el mundo allí donde el clima y la calidad del terreno lo permitió, particularmente en zonas de clima mediterráneo, como en la costa oeste de Estados Unidos, Chile y Argentina, Sudáfrica y Australia. Los cultivos con denominación de origen en Italia, en España y, particularmente, en Francia observaron cómo la competencia invadía los mercados con caldos de igual si no superior calidad a partir de sus cepas varietales originales. Los vinicultores franceses pusieron el grito en el cielo y se pusieron a defender que sus cepas eran «originalmente puras», equivalente más o menos a la sangre limpia de los vinos. No contaban con que los americanos son amantes del progreso, y no dudaron en recurrir a las técnicas de identificación forense para responder a varias cuestiones: 1) si las cepas con una determinada denominación varietal eran realmente idénticas; 2) si se trataba realmente de cepas puras o eran «hijas de», ya que en algún punto se originó la cepa ancestral a partir de un cruce genético. Sus resultados más relevantes se encuentran publicados en *Nature Genetics* y *Science* (dos de las revistas científicas de mayor renombre) y son científicamente conclusivas. Se merecen una buena copa de vino.

Empezaron con la cepa Cabernet Sauvignon, denominada «el rey (¿reina?) de las uvas», y descrita como «la variedad de uva más renombrada mundialmente para la producción de vinos tintos de calidad». La fama de esta cepa se debe a la larga asociación de su cultivo (existen registros escritos desde el siglo XVII) con la calidad de los caldos bordeleses (de la región de Burdeos, en Francia). La gran mayoría de vinos se obtienen a partir de un número relativamente pequeño de cultivo clásicos europeos de *Vitis vinifera* L. La mayoría de cepas se originaron y mantienen desde hace siglos y sus orígenes han sido objeto de especulación.

La uva de Cabernet Sauvignon es negra, pero si se cruzan sus flores en autofecundación, los racimos de la descendencia contienen uvas blancas, en una proporción cercana a 3:1, lo cual en términos genéticos (según la primera y la segunda ley de Mendel) determina que la cepa no es pura sino heterozigota para el gen del color de la piel de la uva y que uno de sus ancestros genéticos producía uvas negras (contenía información genética para producir los pigmentos y antocianinas responsables de la coloración de la piel de la uva), mientras que su otro ancestro producía uvas blancas (no poseía la información correcta para producir coloración en la piel de la uva), asumiendo que la producción de pigmento es dominante sobre la no-producción. Esta era una buena pista para incluir en el análisis de cepas parentales del Cabernet Sauvignon, tanto en cepas de coloración tinta como blanca.

En el análisis genético y dado que la obtención de material genético no era limitante (como lo puede ser en muestras antiguas, en material deteriorado u obtenido en un crimen), se analizaron hasta 30 marcadores genéticos extremadamente polimórficos del tipo microsatélite y minisatélite amplificables por PCR (ver apartado 29) y se compararon con hasta 51 variedades distintas, la mayoría de las cuales procedían de cultivos todavía mantenidos en Francia, más o menos cercanos a Burdeos, entre ellos cepas de Malvasía negra y Malvasía blanca (Malvoisie noire y Malvasia Bianca), Cabernet Franc, Cariñena (Carignane), Chardonnay, Chenin Blanc, Garnacha (Grenache), Gamay noir, Gewürztraminer, Merlot, Moscatel (Muscat), Petit Verdot, Pinot noir, Riesling, Sauvignon blanc o Syrah. El resultado fue incontestable, las cepas parentales eran Cabernet franc y Sauvignon blanc con una probabilidad de error de 1×10^{-14} (0,00000000000001). Es decir, la uva Cabernet Sauvignon es «hija» (F_1 en términos genéticos) de un cruzamiento directo por reproducción sexual de Cabernet franc y Sauvignon blanc.

De los dos parentales identificados, la cepa Cabernet franc no suponía una gran sorpresa, ya que los dos cultivos son muy parecidos e incluso algunos autores habían propuesto previamente que una derivaba de la otra por mutación. La sorpresa la causó la identificación de la cepa Sauvignon blanc, una cepa que todavía se utiliza actualmente como componente mayoritario de los vinos blancos de Sauternes en Burdeos, como progenitora de Cabernet Sauvignon. Aun cuando el nombre de esta última deriva de sus dos parentales, no se cree que el cruce genético fuera deliberado, sino que debió producirse azarosamente entre dos cepas cercanas, del mismo viñedo o de viñedos limítrofes. De hecho, se

14/ Cepas de uva productoras de vino: Sauvingon blanc (izq.) y Cabernet Franc (medio), cepas progenitoras directas de la cepa Cabernet Sauvignon (der.)

asumió que el sobrenombre «sauvignon» deriva de su apariencia similar a las cepas de vino salvajes (*sauvage*, en francés) y habría sido aplicado a distintas cepas por su apariencia, no por su relación genética.

Más aún, estos autores y muchos otros de todo el mundo han demostrado que la gran mayoría de cepas cultivadas de Cabernet Sauvignon son realmente pertenecientes a esta cepa, ya que son idénticas genéticamente, y algunas, muy pocas, son derivadas genéticas en primer grado (F1, es decir, hijos, por autofecundación casual), con lo cual, estas últimas deberán cambiar su nombre, ya que no son propiamente la cepa original.

Como es de suponer, el ejemplo de los autores fue seguido por muchos otros. Notablemente, los mismos autores juntaron esfuerzos con investigadores de Francia para analizar más de 300 cultivo franceses, centrándose esta vez en las regiones de Borgoña y Champaña (de donde procede originariamente el champagne). Los investigadores analizaron hasta 32 microsatélites para obtener suficiente validez estadística en sus resultados (lo que hace que sus resultados sean casi irrefutables, ya que el error estadístico asociado es mínimo). Las cepas que mayormente centraron su atención fueron Pinot noir y Chardonnay, ambas utilizadas conjuntamente en la producción del champagne y por separado, en la producción de los mejores caldos tintos y blancos, respectivamente, aunque su objetivo era obtener el máximo de relaciones de parentesco genético posibles. Los autores eran conscientes de que no podrían dilucidar todas las relaciones genéticas, ya que asumieron que el cultivo de la gran mayoría de cepas vinícolas salvajes europeas o ancestrales ya se habría eliminado hacía siglos. El primer análisis genético implicó sólo 17 marcadores de microsatélites en un intento de clasificar los cultivo y continuar estudiando sólo aquellos en los que se pudiera deducir un posible parentesco al compartir alelos. El resto de 15 marcadores adicionales (hasta 32 en total) sólo se genotiparon en este grupo seleccionado de cepas.

El resultado, muy llamativo, es que 16 cepas eran F1 (hijas directas) del cruce genético de un par de parentales. Los padres eran la cepa Pinot noir y una cepa que ya no se cultiva dada la mediocre calidad del vino que produce, el Gouais blanc. La probabilidad de error varía entre cepas entre 10^{-12} y 10^{-15}. Entre la descendencia del cruce de estas dos variedades se encuentra el famoso Chardonnay y otras cepas que dan denominación varietal a vinos de la Borgoña, como Aligoté, Gamay blanc, Gamay noir, Melon y Sacy que, por tanto, son hermanas menos conocidas de la cepa Chardonnay.

De nuevo, que el parental fuera Pinot noir no supuso una gran sorpresa, dado que se considera la cepa más antigua en la Borgoña. De la misma, existen referencias desde el tiempo de los romanos, en que el escritor de temas agrícolas del siglo I dC, Columella, ya describió una cepa llamada Pinot en la zona de las Galias correspondiente a la actual Borgoña. La sorpresa fue el segundo parental, Gouais blanc. Se cree que su nombre deriva del despreciativo término del francés antiguo *gou* (que significa «malo, feo, pobre»). Esta cepa es muy resistente, y era cultivada ampliamente en Francia durante la Edad Media para la producción de vino de baja calidad. En cambio, el Pinot sólo se cultivaba para la producción de los mejores caldos. De nuevo, la historia ayuda en la determinación de los orígenes de esta cepa, que no parece francesa sino que fue introducida por el Emperador Probus (que procedía de Dalmacia, donde todavía hay cepas Heunisch weiss que son idénticas genéticamente al Gouais blanc), el cual quiso favorecer la agricultura en la Galia y les regaló cepas de su tierra.

No se cree que el cruce de estas dos cepas parentales y la producción de estas 16 cepas varietales actuales tuviera lugar en un único cruce y lugar, sino que probablemente se fueron produciendo en diferentes lugares y tiempos, desde el Valle del Loira, pasando por la Champaña hasta la Alsacia. Algunas de estas cepas se conocían ya en la Edad Media, (como Chardonnay, Gamay noir y Melon) con lo que el cruce(s) genético que las produjo (produjeron) debió ocurrir al azar, previamente. Otras cepas no son mencionadas hasta finales del siglo XIX, como Peurion o Gamay blanc, con lo que debieron aparecer posteriormente. Por otra parte, de esta descendencia, los hay que producen uvas de coloración clara-dorada, de coloración rosada y de coloración casi negra, por lo que en realidad se deduce que Pinot noir tampoco era una cepa pura, sino que debía ser heterozigota para el color. ¿Quiénes fueron sus parentales? Fueran los que fueran, no estaban en los cultivo analizados en este estudio, quizás ya fueron eliminados de la historia y sólo quedan sus descendientes, o quizás todavía sobreviven como cepas salvajes en zonas rurales no analizadas de Europa o del Oriente Medio, donde se originaron los primeros viñedos.

Uno de los resultados interesantes de este artículo desde el punto de vista genético-evolutivo es que de los 322 cultivos analizados, ninguno procedía de autofecundación, es decir, a pesar de que ésta se puede producir (ver párrafo más arriba), ya que las flores de las viñas contienen a la vez órganos femeninos y masculinos y, por tanto, la autopolinización es probable, debe existir una cierta intolerancia a la consanguinidad. De hecho, las dos cepas parentales Pinot noir y Gouais blanc son bastante disímiles genéticamente, lo que favorecería la supervivencia de su descendencia por el conocido fenómeno genético del «vigor híbrido» (en el que los descendientes de dos cepas genéticamente distintas suelen sobrevivir mejor al combinar genéticamente características diversas). Estos resultados pueden ser aplicables y deberían ser tenidos en cuenta en la programación de nuevos cruces genéticos entre cepas varietales conocidas con el fin de producir cepas nuevas de vino con características deseables para la producción de vinos de calidad. Los californianos, tan atentos a las posibilidades de desarrollo tecnológico y autores de estos trabajos, ya apuntaron que si el cruce entre dos cepas como Pinot noir y Gouais blanc dio tanto de sí (como ellos mismo enumeran: hasta 16 cepas apreciadas por las características organolépticas de sus vinos), ¿qué no podrían crear con nuevos cruces genéticos aplicando los conocimientos adquiridos? La pregunta (explicitada en su artículo) apunta a que los enólogos piensan explorar en un posible futuro junto con los viticultores.

Actualmente, la caracterización genética de plantas de explotación agronómica y sus variedades, de plantas de marcado interés medicinal/farmacéutico por sus componentes activos, forma ya parte de las técnicas utilizadas habitualmente para la autentificación de especies y cepas, tanto en centros de recursos de diversidad vegetal (bancos de germoplasma, centros de mantenimiento de cepas varietales) como en empresas de producción/comercialización de simientes. El ADN es ya un carnet de identidad –y de paternidad en las cepas híbridas– de aquellas especies del reino vegetal que, por una u otra razón, han acaparado el interés humano.

Y sin embargo, debo reconocer que desde la aparición de estos artículos ya no veo de la misma forma una botella de vino de Cabernet Sauvignon o Chardonnay (y probablemente mis alumnos tampoco, ya que son una de las preguntas recurrentes en mis exámenes).

18. GORILAS Y MACHOS DOMINANTES

Las técnicas de genética forense pueden ser aplicadas a muchos campos científicos, como ya hemos venido repitiendo incesantemente. El caso que presentaremos es uno de muchos posibles en que se utiliza para responder una de las preguntas fundamentales de la ecología del comportamiento animal: cómo afecta la distribución de los recursos, en particular, la comida y el acceso a apareamiento, a las estrategias de comportamiento individual y la dinámica de un grupo social.

En un intento de aportar información para entender cómo el acceso al apareamiento afecta a la dinámica de dominación/sumisión entre machos gorila, un grupo de investigadores publicaron el año 2008 en el *American Journal of Physical Anthropology* un estudio de relaciones de parentesco genético entre machos. Estos investigadores analizaron genéticamente 68 gorilas de montaña plateados, de dos comunidades distintas, en Uganda. Existen dos tipos de grupos entre los gorilas, los gorilas occidentales viven en grupos con un único macho y varias hembras. Todos los nuevos machos que nacen en el seno del grupo, lo abandonan al madurar para formar otro nuevo. En cambio, en las comunidades de gorilas de la montaña, los grupos tienen varios machos, con un macho dominante que tiene acceso a las hembras del grupo, y generalmente uno (pero puede haber varios) macho secundario que, en teoría, debe someterse y no tiene acceso a las hembras. El período de dominación de un macho es menor que el de la maduración sexual de una hembra, con lo que se evita el incesto. De hecho, los grupos pueden escindirse, y se sabe que las hembras permanecen con el macho con el que han mantenido fuertes lazos de unión, excepto las hembras jóvenes, que no aceptan aparearse con el que ha sido el macho dominante durante su infancia. Sin embargo, no se sabía qué sucedía con los machos.

En el estudio que aquí se resume, se analizan poblaciones de gorilas de montaña que viven en condiciones relativamente extremas de altitud y, se supone que por razones de mejor supervivencia, forman grupos de mayor tamaño (alrededor de 30) de lo habitual (de unos 10 individuos). En este estudio, observaron también que uno de los grupos se escindió y analizan las relaciones de paternidad entre todos los machos del grupo. Como curiosidad, cabe apuntar que las muestras biológicas para el genotipado se obtienen del muestreo de las defecaciones de los individuos que se debe analizar. El bolo defecado contiene numerosas células epiteliales de la mucosa intestinal a partir de las cuales se obtiene el ADN que posteriormente será analizado. En cada muestra se determinaron de 6 a 14 marcadores genéticos distintos y los grupos fueron estudiados durante más de seis años. Los resultados obtenidos mostraban que los machos dominantes eran los progenitores de la mayoría de los descendientes del grupo (80%), pero que el macho secundario también tiene progenie. Además, demostró que el macho secundario no está relacionado directamente con el dominante (no es su hijo), lo cual protege al grupo de una consanguinidad excesiva, ya que si fuera de otra forma, cuando el macho secundario logra desplazar al dominante, terminaría apareándose con sus hermanas.

Curiosamente, cuando el grupo se dispersó, el primer macho dominante se quedó con la mayoría de hembras y los hijos todavía no maduros propios, mientras que en el grupo separado el macho secundario, que ahora pasaría a ser dominante, se quedó con sus hijos jóvenes, lo cuál demostraría que no solamente son importantes las relaciones materno-filiales en la dinámica de los grupos de gorilas, sino también las paterno-filiales. Los padres reconocerían cuáles son sus hijos y los protegerían hasta que pudieran llegar a la madurez.

No deja de ser curioso que necesitemos de la genética para demostrar dinámicas sociales muy parecidas a las humanas en grupos de simios no humanos.

19. LAS VACAS ROBADAS DE HOLLYWOOD

No, éste no es el título de una película ni hay un error. No nos referimos a las vacas «sagradas» de la industria cinematográfica, sino al posible titular de un caso que se llevó a los tribunales de California sobre robos repetidos de ganadería. Los ganaderos californianos calculan que sólo en 2006, la cantidad de dinero que perdieron por las 1.043 cabezas de ganado robadas es de unos tres cuartos de millón de dolares. Los animales preferidos por los ladrones son las vacas lecheras, que son fáciles de robar durante el transporte entre los establos y los pastos. ¿Hay algo más prosaico que un rebaño de vacas lecheras? No obstante, la inclusión de este apartado es a propósito, a título ilustrativo, ya que muestra cómo las técnicas forenses son, a día de hoy, ampliamente utilizadas en múltiples contextos y la sociedad asume directamente su utilidad. Las aplicaciones de la tecnología forman parte de nuestra vida diaria.

Evidentemente, para utilizar técnicas de genética forense en animales hay que haber caracterizado anteriormente marcadores genéticos de cada especie que se quiera analizar. Este es uno de los campos en que la genética veterinaria ha adelantado más en los últimos años. No solamente se conocen múltiples marcadores genéticos para las especies domésticas de explotación, sino que para muchas de ellas el proyecto de secuenciación de su genoma está ya completo o muy cerca de ser completado. Existen ya repositorios de bancos de datos genéticos de razas de vacas para producción de leche y carne (Instituto Roslin) y también de animales en que la fecundación por sementales mueve una gran cantidad de dinero, como por ejemplo los caballos de carreras. Es lógico pensar que los dueños de las hembras inseminadas quieran demostrar fehacientemente que el semen adquirido realmente procede del semental requerido. Incluso el FBI ha contribuido a buscar marcadores de asignación inequívoca para la mayor parte de animales domésticos, de interés comercial o de vida salvaje (indígena de los Estados Unidos, claro), y propone normas de trabajo estandarizables para la genética forense animal homologables a las que se usan en genética forense humana.

Para el caso que nos ocupa, el Instituto de Identificación del Ganado, que depende del Departamento de Alimentación y Agricultura californiano, recibió durante 2007 la denuncia de varias centrales lecheras de que un ganadero estaba apropiándose indebidamente de sus terneras, que eran robadas tras el destete. El acusado se defendió aludiendo que él compraba sus propias terneras para engorde, y que una vez habían crecido y madurado, las vendía a las centrales lecheras para su explotación. Las centrales lecheras denunciantes, que controlaban meticulosamente sus animales y sus movimientos, sospechaban que el acusado al menos les había robado unas 60 terneras.

El Instituto ordenó que se realizaran pruebas genéticas de ADN en todos los animales que las centrales lecheras adquirieran al ganadero. Mediante pruebas de paternidad, compararon el ADN de las vacas lecheras a las que les habían desaparecido terneras en algún momento con el ADN de las nuevas adquisiciones y comprobaron que realmente el ganadero les había robado las terneras muy jóvenes para revenderlas, muchas veces, a los propietarios originales, ganando sustancialmente en la transacción.

El ganadero tuvo que confesar que había sustraído los animales y, además de pagar una cuantiosa multa para restituir económicamente a las centrales lecheras perjudicadas, ingresó en prisión.

20. EL GATO QUE RESOLVIÓ EL CASO

La gran información de datos genéticos obtenida en los últimos años sobre especies domésticas o de explotación, ya sean vegetales o animales, ha permitido utilizar sus marcadores genéticos en casos de paternidad (como los del origen de las cepas varietales vinícolas, ver apartado 17), o bien, en casos de identificación genética, como el que se expondrá aquí. Hoy en día se tienen datos genéticos de la mayor parte de especies domésticas (vaca, perro, gato, conejo, gallo...), pero en el año 1997, era todavía suficiente novedoso como para merecer los titulares de los periódicos (también se puede encontrar fácilmente en la red). Este caso fue por aquel entonces peculiar porque permitió el uso de técnicas forenses para la resolución de un caso de asesinato, utilizando para ello pruebas periciales sobre la identificación de pelos de un gato.

De hecho, lo que se realizó no fue más que el análisis genético de pelos de gato encontrados sobre la víctima de un homicidio lo cual permitió compararlos con los de la mascota de los padres del homicida (suegros de la víctima), logrando una identificación con una probabilidad genética muy elevada. Este dato permitió situar al esposo de la víctima en el lugar del asesinato, incriminándole, cuando él alegaba que vivía en casa de sus padres.

El 3 de octubre de 1994, una mujer de 32 años desapareció de su casa, en Richmond, Isla del Príncipe Eduardo, Canadá. Su coche abandonado fue descubierto días después. En el interior se encontraron manchas de sangre que, cuando fueron analizadas, dieron una identificación genética con la desaparecida de elevada probabilidad. Tres semanas más tarde, se encontró una chaqueta abandonada en el bosque, a 8 km de su casa, con manchas de sangre que también correspondían con el genotipo de la víctima. En el forro interior de la chaqueta, un detective de la Policía Montada del Canadá encontró pelos blancos que pertenecían a un gato.

El cuerpo de la víctima fue recuperado de una tumba poco profunda el 6 de mayo de 1995, y su marido, del que vivía separada, fue arrestado e inculpado del asesinato. El sospechoso vivía con sus padres y su mascota Snowball (Bola de nieve), un gato blanco de raza *British Shorthair*. La Real Polícia Montada acudió al Laboratorio de Diversidad Genómica (Maryland, Estados Unidos) para recabar su ayuda pericial y analizar la identidad genética de los pelos encontrados en la chaqueta. Este laboratorio había caracterizado más de 400 marcadores de ADN de gato y habían elaborado un mapa genético muy completo de la especie. Los científicos obtuvieron ADN de la raíz de uno de los veintisiete pelos extraídos de la vestimenta, y lo amplificaron por PCR para realizar el genotipado de diez marcadores distintos, seleccionados porque eran muy informativos y eran óptimos para el análisis forense. De igual manera, obtuvieron una pequeña muestra de sangre de Snowball, que amplificaron por PCR para genotipar los mismos marcadores. El resultado de la muestra fue que en ambos casos el genotipo era idéntico para los marcadores, con siete marcadores en heterocigosis y tres en homocigosis.

Se estimó entonces la probabilidad de que aquel apareamiento fuera espúreo (debido al azar), es decir, que dos gatos independientes y sin relación presentaran el mismo genotipo. Para ello, hicieron un cálculo de frecuencias alélicas de los marcadores estudiados entre los gatos americanos, escogiendo una población gatuna de referencia. Así, analizaron diecinueve gatos no relacionados con Snowball procedentes de la misma isla (Príncipe Eduardo) más nueve gatos de los Estados Unidos. A partir de estos datos, elaboraron unas frecuencias alélicas aproximadas, observando que a pesar de la variabilidad entre los animales, las poblaciones mantenían frecuencias alélicas similares, lo que daba fortaleza al estudio. Los autores hicieron numerosos tests estadísticos, y todos mostraron la robustez de su conclusión. La probabilidad de error en la identificación genética era de $2'2 \times 10^{-8}$ ($0'000000022$).

Los resultados obtenidos por estos peritos científicos fueron presentados y admitidos ante la Corte Suprema de la isla Príncipe Eduardo. El jurado determinó que el acusado era culpable de asesinato, sentando el primer precedente legal del uso pericial de las técnicas forenses de ADN sobre muestras de animales domésticos en juicios de pena capital, sólo un año después del caso de O.J. Simpson.

VI

LA ERA DE LA INFORMACIÓN

21. ¿TIENES UN ANTEPASADO INDÍGENA?

Esta es una de las cuestiones que en los Estados Unidos está atrayendo actualmente la atención. Hace unas décadas, tener un antepasado nativo indígena era vergonzoso, actualmente todos miran su ADN en busca de algún subterfugio genético que les ayude a demostrar que alguno de sus ancestros era un nativo amerindio para así poder solicitar becas compensatorias en la educación, optar al reparto que corresponde a la tribu de los beneficios de los numerosos casinos que están regentados por indios de comunidades indígenas (tienen permisos restrictivos para construir y gobernar casinos en las reservas), o a ayudas federales para cubrir gastos sanitarios y otros servicios sociales.

La especulación ha crecido notablemente, hasta tal punto que se oyen voces críticas contra estas pruebas masivas de ADN, pero incluso centros universitarios como la Universidad de Michigan, utilizan el criterio racial de pertenencia a minorías desprotegidas para asegurar la admisión de alumnos desfavorecidos. Más de una docena de compañías se dedican a los tests «de parentesco genético ancestral» y más de 460.000 personas los han comprado durante los últimos seis años (2002-2007) y los números continúan incrementando. Este tipo de tests es considerado inocuo o meramente recreativo, pero ha puesto en evidencia una serie de problemas, de los que la sociedad, en general, no es consciente.

Las principales críticas y problemas se pueden resumir en tres puntos: 1) los tests tienen un impacto profundo en la vida de las personas y de las comunidades implicadas; 2) los resultados se basan en asunciones y las conclusiones que permiten obtener son limitadas en su precisión, y por tanto no son tan informativos como los clientes creen y las empresas hacen creer; 3) la comercialización no restrictiva ha creado malas prácticas que favorecen los errores o las malas interpretaciones.

Aunque estos tests están considerados «genética recreacional» (¿existe este concepto?), la mayoría de sus clientes creen sus resultados a pies juntillas. Cada test cuesta una media de 100 a 900 dólares americanos y los clientes tienen normalmente razones de peso para realizar este análisis, bien con carga emocional –para conocer mejor su pasado familiar–, o con carga económica, para conseguir ayudas y becas. El problema es que no todos los clientes están preparados emocionalmente para aceptar los resultados, o peor aún, para entenderlos y ponerlos en contexto.

La mayoría de estos tests recaen en dos categorías: el análisis de ADN mitocondrial, que como se ha explicado (apartado 31) sólo puede establecer líneas maternofiliales estrictas, o bien el análisis del cromosoma Y, que se hereda por vía estricta paternofilial (apartado 31). En cualquiera de estos dos casos, el genotipo obtenido para el cliente es comparado con un banco de datos genético de una población determinada que puede ser más o menos exhaustivo. Sin embargo, estos tests sólo analizan un 1% (o menos) del ADN de un individuo y, sobre todo, está limitado a líneas estrictamente maternofiliales o paternofiliales. Para entender esta limitación, imaginémos unos nietos nacidos de un hijo de una indígena americana. En este caso, los tests no sirven. O en un caso parecido, los nietos a través de una hija de un indígena americano varón. En ninguno de estos casos, a pesar de haber descendencia directa de segunda generación se podría determinar el parentesco si sólo se analiza el ADN mitocondrial o el ADN del cromosoma Y.

Existe un tercer tipo de test, basado en el análisis de 175 marcadores genéticos distintos, distribuidos a lo largo de todos los cromosomas del ADN nuclear, que es muy útil en las relaciones de parentesco directo, pero cuya eficiencia disminuye con la distancia generacional. En todo caso, la polémica está servida, en parte porque el concepto de «raza» es socialmente aceptable, pero difícilmente justificable desde el punto de vista genético, ya que la mayoría de poblaciones humanas presenta variaciones discretas, con alelos mayoritarios, pero también con alelos minoritarios, y la transición entre poblaciones no es estricta, dado que los humanos se han expandido como población hace relativamente poco desde un punto de vista evolutivo. Además, se produjeron y se producen numerosos movimientos migratorios y no existe una población geográfica totalmente aislada del resto. Por ejemplo, los amerindios proceden de emigrantes de Asia Central y están relacionados genéticamente con poblaciones de esta localización. Una crítica relevante a los tests es el hecho de que los bancos de datos no son completos ni aleatorios, sino que están mayormente dirigidos a individuos que actualmente viven en América del Norte, que son los que constituyen la población control a cotejar (lo cual no deja de tener lógica, ya que difícilmente un ciudadano asiático, europeo o africano pedirá un test genético sobre si tiene ancestros amerindios).

Teniendo en cuenta todas las consideraciones del párrafo anterior y a pesar de que las diferencias genéticas entre distintas poblaciones y etnias humanas es muy pequeña, es cierto que si se sabe dónde y qué mirar, ciertas combinatorias alélicas se encuentran mayoritariamente en determinadas poblaciones y se podrían establecer haplogrupos (o también conjuntos de alelos de marcadores heredados independientemente) que sugerirían que su portador probablemente pertenece a una determinada etnia con una probabilidad estadística elevada.

En este sentido, por ejemplo, se conocen ya las variantes genéticas o alelos mayoritarios (y, por tanto, pueden ser comprobados por test genético) responsables de la producción de feomelanina (color rojizo del pelo) o del color azul de los ojos. Ambas variantes son extremadamente raras en población asiática, africana o amerindia y, en cambio, relativamente frecuentes en población de origen del norte de Europa, con lo que si una muestra de ADN presentara estas dos variantes, se podría inferir que el portador era muy probablemente de origen caucásico nordeuropeo, y descartar que fuera de otras etnias. Evidentemente, esto no es óbice para que un individuo de características faciales asiáticas, amerindias o afroamericanas no pueda ser portador de estos alelos. En el caso más sencillo, por tener un antepasado de origen europeo (por poner un ejemplo, en tiempo de esclavitud era muy común que las esclavas tuvieran descendencia de sus amos de origen europeo). Con toda la precaución posible, es cierto que pueden darse casos en que esta información puede acotar la búsqueda significativamente, y resumiremos a continuación uno de los casos en que el genotipado de estas variantes genéticas fue determinante para la solución de un caso de violación.

El caso puede encontrarse publicado el 30 de enero de 2008, y sucedió en Boulder (Colorado, USA), donde un caso denominado «frío» (cold case en inglés significa un caso criminal antiguo, que ya no se investiga pero que no quedó resuelto). Una estudiante de la Universidad de Colorado de 23 años volvía a su casa tras comer pizza con unos amigos, una noche de diciembre de 1997. Susannah fue violada y golpeada brutalmente con un bate de beisbol, muriendo poco después del ataque debido a múltiples traumatismos craneoencefálicos causados en la paliza, sin recobrar la consciencia. El caso Chase no tenía pistas, ya que el ADN obtenido de la muestra de semen vaginal no concordaba con ningún individuo de sus bancos de datos de ADN, no había testigos ni obvios sospechosos. El caso fue archivado sin ninguna detención. Un típico caso frío. Sin embargo, el Departamento de Policía de Boulder contactó con el departamento comercial de una empresa, DNAPrint Genomics, tras el éxito de esta última en la resolución de un asesino en serie en Luisiana (el caso de Derrick Todd Lee) durante el año 2004. Utilizando una serie de marcadores genéticos que se centra en determinar el origen étnico de la muestra humana, concluyeron que la muestra de ADN era más compatible con que el agresor fuera de ascendencia hispana o amerindia nativa de América del Norte (es decir, ascendencia amerindia en general. Hay que recordar que en los Estados Unidos, los amerindios por debajo del Río Grande son hispanos). A partir de esta información, no concluyente pero sugerente, y tras muchos más años de investigaciones, la policía detuvo a Olmos-Alcalde, un ciudadano americano de origen chileno que vivía en el área de Denver y que tenía ya varias detenciones por asalto sexual. La confirmación la proporcionó el análisis directo del ADN del detenido, que confirmó que la muestra de semen encontrada en Susannah Chase pertenecía a Olmos-Alcalde con una probabilidad mínima de error.

Sea como sea, el principal problema en la fiabilidad de las pruebas genéticas no radica en su uso en la identificación personal o de paternidad, en que los valores estadísticos son limitados y predeterminados, sino en que la sociedad en general entiendan el valor de un resultado estadístico en relaciones genéticas de parentesco lejano o en la determinación de factores de riesgo para ciertas enfermedades de elevada prevalencia poblacional (ver el apartado sobre el impacto social de los bancos de datos de ADN en el apartado 24). Si nos centramos en los análisis genéticos para enfermedades hereditarias, cuando tienen una herencia claramente mendeliana con un gen o pocos genes causantes de la patología, la resolución del test suele ser determinante. Sin embargo, la mayoría de enfermedades de elevada frecuencia (prevalencia), tienen un componente genético más o menos relevante que se ve modificado por otros factores ambientales. En este caso, el test genético proporciona probabilidades estadísticas, no una absoluta correspondencia. Sin embargo, la mayor parte de la sociedad puede entender que poseer un determinado alelo de riesgo «determina con seguridad» que se padecerá cierta enfermedad, cuando lo único que dice el análisis genético es que existe una mayor probabilidad de padecer una cierta enfermedad, no de que realmente se sufra.

Claramente se necesita una mayor formación científica de la sociedad y un esfuerzo conjunto por parte de los científicos para explicar correctamente cuáles son las fortalezas y cuáles las debilidades de los tests genéticos.

Actualmente, existen programas de genotipado extensos para clasificar la información genética de todas las poblaciones mundiales. El programa está auspiciado por Gobiernos y tiene fondos públicos, y sus resultados son accesibles vía HapMap y Genographic Project (presentados ya en los apartados 15 y 16, respecto a marcadores del cromosoma Y). Para los genéticamente curiosos, pueden consultar los precios de un análisis genético de su cromosoma Y (si son varones) o de su ADN mitocondrial (para determinar la vía maternofilial de ascendencia) en varias direcciones en la red.

22. PADRES RECALCITRANTES

Al menos el ADN no miente. Los humanos, sí. El caso que expondremos a continuación no es particular, sencillamente usa la picardía. «Hecha la ley, hecha la trampa», podría asumirse que pensó uno de tantos padres escurridizos. Pero las pruebas forenses de ADN lo delataron. Ni la situación es especialmente relevante ni el país nos es desconocido. Sucede en España y el hecho puede ser más o menos habitual. Una pareja tiene un hijo. El padre no lo reconoce directamente, ya que el hijo no es de su esposa, sino de otra relación. La madre reclama reconocimiento de paternidad. El padre intenta escaparse del auto judicial, ya que si se demuestra que él es el padre biológico, deberá pasar un estipendio acorde a lo que diga la ley para que la madre pueda mantener al hijo de ambos.

El padre, aparentemente conocedor de las pruebas de ADN para probar relaciones genéticas, decide actuar intencionadamente para eludir sus responsabilidades, intentando engañar a los forenses. El caso fue resuelto por un equipo del Departamento de Medicina Legal de la Universidad de Granada conjuntamente con el Laboratorio del FBI en Quantico (Virginia, USA) y publicado en una revista internacional reconocida en el ámbito forense en el año 2006 (ver bibliografía), con el fin de informar a colegas de otros países que pudieran encontrarse en situaciones parecidas. El artículo, conciso, se titula lacónicamente: «Muestra de referencia con células bucales mezcladas intencionalmente en un caso de paternidad». El caso merecería un gui ón, por lo simple y bien llevado.

Los forenses granadinos concluyeron que el padre intentó manipular los resultados forenses mediante la substitución de su perfil genético por el de otra persona con la que intercambió saliva antes de hacerse el análisis de paternidad. Los análisis de ADN se realizaron sobre muestras recogidas por orden judicial del presunto padre y del hijo en cuestión. Los forenses recurrieron al genotipado de marcadores estándar de los cromosomas autosómicos, para demostrar el parentesco progenitor/hijo, así como al análisis del gen de la amelogenina para confirmar el sexo de los dos individuos (siendo ambos varones, deberían obtenerse dos bandas de igual intensidad pero distinto tamaño, una correspondiente al alelo del cromosoma X (banda más pequeña) y otra de tamaño 6 pares de bases mayor, correspondiente a la del alelo del cromosoma Y, ver apartado 31).

El genotipado del niño no produjo ninguna dificultad, ya que se obtuvo un perfil genético claro. Por el contrario, los resultados de la prueba paterna eran difíciles de asignar. En primer lugar, en la mayoría de marcadores genéticos se encontraron más de dos alelos, hasta tres y cuatro, como se muestra en el artículo para los marcadores D13S317, D16S539 y D2S1338, mapados respectivamente en los cromosomas 13, 16 y 2 (ver en apartado 30 por qué este resultado no es posible en situaciones habituales), o incluso cuando se obtenían dos alelos, éstos se presentaban en una proporción descompensada (uno de los alelos estaba más presente en la muestra inicial que el otro, cuando en un individuo diploide (con dos cromosomas) la amplificación de los alelos de los dos cromosomas tiene que ser pareja). Esto último es lo que sucede para los marcadores D3S1358 y THD1 (resumen en la siguiente tabla, siendo ↑, señal de incremento).

Marcador	D3S1358	THD1	D13S317	D16S539	D2S1338	AMEL
Niño/alelos	15, 17	7, 9	8, 13	12, 13	18, 19	X,Y
1ª muestra Padre alelos	15, 18	9 , 9.8	8,10,11,12	11,12↑,13	17,18,20,24	X↑ ,Y

Cuando los investigadores analizaron el gen de la amelogenina, también encontraron discrepancias, ya que la muestra del hijo mostraba la presencia de un cromosoma X y de un Y, mientras que la de padre, presentaba la banda del cromosoma X más incrementada (más intensidad de banda) que la del cromosoma Y.

Cuando los resultados con otro técnico de laboratorio, pero utilizando las mismas muestras, fueron repetitivos, los forenses dedujeron que el error no era metodológico, sino que se debía a una contaminación intencionada de la muestra paterna, probablemente por incorporación de saliva de una muestra femenina.

Los forenses llamaron entonces a declarar al padre de nuevo, explicándole el alcance de los resultados. El padre admitió haber introducido en su boca el material de otra persona (su mujer) entre el lavado colutorio en un servicio y la extracción de células epiteliales bucales, todo dentro en las dependencias forenses, con el único fin de ser excluído como posible padre biológico de su hijo. Un nuevo test con material recién extraído del padre dio como resultado compatibilidad genética muy elevada entre padre e hijo. Una comparación de estos nuevos resultados con los anteriores mostrará con facilidad: 1) la contaminación de la primera muestra y 2) que el presunto padre no puede ser excluído, ya que comparte con el hijo uno de los alelos (por tanto hay una altísima probabilidad de ser el padre biológico):

Marcador	D3S1358	THD1	D13S317	D16S539	D2S1338	AMEL
Niño/alelos	15, 17	7, 9	8, 13	12, 13	18, 19	X,Y
1ª muestra Padre alelos	15, 18	9*	8, 12	12*	17, 18	X,Y

* Cuando se obtiene un sólo alelo para un determinado marcador genético, quiere decir que en el par de cromosomas, los dos alelos tienen el mismo tamaño y secuencia y, por tanto, el individuo es homozigoto (por ejemplo, sería para THD1: 9, 9).

Como los mismos forenses arguyen, no es frecuente que se manipulen las pruebas de ADN ante los ojos mismos de los investigadores, pero hay que ser consciente de esta posibilidad y establecer protocolos por si esta circunstancia se pudiera producir.

En todo caso, éste no es el primero ni el último padre que quiere eludir sus responsabilidades. Los tests de paternidad son en la actualidad comercialmente accesibles en la red. Estos tests tienen un precio distinto si se utilizan como pruebas periciales en juicios, o «sólo son para satisfacer la curiosidad». Bajo este eufemismo se esconde uno de los más graves (y hasta el momento, impunes) atentados contra la intimidad de menores. Desafortunadamente, no existe por el momento, ley que proteja el derecho a la intimidad genética (ADN) del menor.

Supongamos, por ejemplo, que una pareja se separa/divorcia. Es relativamente habitual que la madre reclame y obtenga la custodia del hijo/s. El padre puede plantearse no contribuir al mantenimiento de los que hasta el momento han sido sus hijos alegando que no son suyos. Si el juez lo considera oportuno se realizan las pruebas genéticas, obteniéndose el ADN del menor y los dos progenitores para compararlos. En este caso, se considera que el juez vela por los derechos del más desprotegido, el menor. Curiosamente, el precio comercial para este tipo de prueba es muy superior (alrededor del doble) de lo que cuesta hacer un análisis genético por «curiosidad».

Supongamos un caso semejante al anterior, sólo que la intervención judicial no es requerida. Padre y madre acceden a hacerse las pruebas genéticas respecto a la paternidad/maternidad de su/s hijo/s. Dado que no es necesario redactar un informe formal, el precio del análisis (normalmente de tres muestras, las dos parentales más la filial) es más asequible. Pero al menos, en este caso, se supone que la aceptación de la madre implica que ésta vela (o debería velar) por los intereses de su hijo.

Supongamos el que, de hecho, es el caso más común: un padre duda de la filiación biológica de su hijo/s y decide realizar una prueba biológica. Como sabe que la madre no se tomará a bien la suposición, realiza la prueba sin su consentimiento. Hemos de asumir que si amara a su hijo, independientemente de su intervención en su concepción, no realizaría la prueba genética, ya que ésta no sería relevante si existen lazos emocionales paternofiliales reales. Así que este padre hipotético sólo va a enviar su propia muestra (evidentemente consentida), y la de su progenie (que es menor de edad y, por tanto, con total desconocimiento o conocimiento muy parcial del alcance de la prueba). Un simple raspado suave con un algodón en la cavidad bucal es suficiente para arrancar células epiteliales, de las que puede ser extraído y analizado ADN.

Pues bien, notablemente, en este último caso el precio comercial es excepcionalmente bajo, aunque los laboratorios ofrecen total confidencialidad. ¡Qué menos!, teniendo en cuenta que el padre, aun siendo tutor legal del menor, no tiene en mente el bienestar de éste, sino que obtiene su muestra biológica para ser analizada sin consentimiento del otro progenitor (la madre), y a sabiendas de que muy probablemente cambiará su actitud respecto al menor según el resultado de la prueba, sin consideración de los sentimientos. Aun cuando la mayor parte del negocio de los tests de paternidad se obtienen de este modo, es reprobable que no esté regulada la accesibilidad de éstos. La realidad es que el menor no tiene defensa ninguna ante el análisis de un ADN que le ha sido extraído sin ser consciente de la implicación del resultado. La ley debe velar por los intereses del más desprotegido, en este caso, el menor.

Esto sin considerar la fiabilidad del resultado obtenido y la capacidad del progenitor para entender las implicaciones del análisis genético en profundidad (recordemos la falacia del defensor, apartado 4). De todo lo cual se deduce que el análisis genético debe ser regulado. Tanto más cuanto la muestra de ADN obtenida puede ser utilizada en otros tests genéticos no aprobados por el donador de la muestra biológica.

Falta una legislación y una regulación clara sobre el uso del material genético. A fin de cuentas, una muestra biológica y su secuencia debe pertenecer a su dador, y el ADN sólo debería ser utilizado para bien de la sociedad, cuando ésta realmente lo necesite (como en un juicio), pero no para satisfacer la curiosidad, el interés pecuniario, o el desinterés paterno, de unos pocos listos. No deja de ser contradictorio que, en una época en que el deseo de ser padres se prodiga en adopciones y fertilizaciones in vitro, haya un porcentaje de padres que intenten escabullirse de sus responsabilidades utilizando las pruebas genéticas como escudo y razón para renunciar a su paternidad.

23. EL EFECTO CSI

Este titulo no es mío, sino que está traducido de numerosos artículos en que científicos forenses se lamentan de las expectativas que ciertas series televisas de gran audiencia generan en la población general (aunque yo he de reconocer que es una de las pocas series que veo con asiduidad en todas sus temporadas y versiones). La serie CSI, ambientada en Las Vegas, empezó a emitirse a finales del 2000, y tuvo tanto éxito que en menos de un año ya se emitió una nueva versión ambientada en Miami, y poco después, también en Nueva York. Todas las versiones continúan emitiendo nuevos apartados y se considera ya un fenómeno de masas, con un gran número de seguidores en todos los países donde se emite.

Estos programas han ofrecido al público una visión muy determinada sobre la ciencia y la investigación forense (entre la divulgación científica y la vulgarización, tenue divisoria donde las haya) y su efecto ha sido amplificado en aquellos países donde en los juicios interviene un jurado popular. Hasta hace poco, una de las tareas más duras en los juicios criminales era que los peritos científicos llamados a declarar fueran entendidos por la mayoría del jurado en sus aseveraciones técnicas. Actualmente, tras la visión de estas series, el jurado popular se siente más seguro y más versado en cuestiones científicas. Y como dicen los comentaristas, ya no ponen cara de aburridos cuando el perito es llamado a declarar, sino que escuchan atentamente. Esto supone un efecto muy positivo, pero que se ve contrarrestado parcialmente, al menos, por las expectativas que estas series generan en el espectador.

Para no aburrir, los resultados se obtienen en horas, cuando necesitan de días para ser obtenidos y refrendados. Y si un índice de audiencia tiene que mantenerse, los casos, por difíciles y enrevesados que sean, deben ser resueltos a satisfacción de todos, aun cuando las técnicas utilizadas sean casi de ciencia-ficción, con una validez estadística irrefutable. Los forenses de las series no hablan en términos de certeza racional, sino de verdad absoluta, lo cual muestra una desviación capciosa de la realidad. «Yo creo en las pruebas», cierto, pero las pruebas no determinan per se la culpabilidad de un inculpado, sino que es el contexto el que en su conjunto determina quién es el culpable. La precaución es siempre recomendable. Antes de emitir un juicio hay que considerar todos los datos. La prueba del ADN es muy potente y poderosa, pero puede ser manipulada consciente o inconscientemente, así que no es ni omnipotente ni omnisciente. Por ello, existen normas muy estrictas que deben seguirse en un laboratorio forense, para no cometer errores (que son humanos). No es cierto que en un CSI pueda comer o beber impunemente mientras procesa muestras (a pesar de lo que veamos en la tele), ya que constituiría una infracción muy grave de la normativa por la más que probable contaminación de las muestras.

Actualmente, los jurados esperan la seguridad científica de un Gil Grissom o el código de honor de un Horatio Caine en los peritos llamados a declarar (personajes centrales de las series televisivas CSI Las Vegas y CSI Miami, respectivamente). Cuando los resultados de un ADN maltrecho sólo permiten la amplificación de unos pocos marcadores o proporcionan un resultado estadístico de asignación que no es absoluto (recordemos que eso es virtualmente imposible, apartado 4), consideran que los técnicos forenses no están muy cualificados y han realizado un análisis pobre o que los datos no son fiables, y la defensa puede argumentar que existe duda razonable, y así declinan inculpar al acusado, considerando que los datos de ADN no son suficientemente sólidos, cuando quizás el resto de pruebas, el móvil y la oportunidad son claras, y la prueba del ADN es meramente confirmatoria y el resultado ha sido de inclusión.

El problema se agrava en los Estados Unidos, dado que estas series se crean allí existe una presión creciente por crear nuevos guiones, y algunos casos de las series se inspiran directamente en casos reales que todavía están siendo instruidos. Cuando llega el momento del juicio, el jurado ya tiene formada su opinión según la resolución del caso en la serie y, por tanto, deforman totalmente su papel de mediadores y jueces, ya que conocen la ficción, no la realidad, y no son capaces de separarlas. El término aplicable en este caso, más que nunca, es prejuicio.

Algunos de los departamentos policiales también se lamentan de que las mentes criminales absorben la metodología forense y conocen ya todas sus técnicas, por lo que diseñan crímenes que pueden ser refractarios al análisis forense. Ya existen casos en los Estados Unidos de adolescentes que, tras empaparse de series criminalistas, han intentado el asesinato perfecto, eliminando rastros y generando otros que son equívocos. Afortunadamente, la mayoría de crímenes no son premeditados ni perpetrados tan cuidadosamente.

En todo caso, se puede considerar que el interés despertado por estas series tiene un efecto positivo en la sociedad, ya que acerca al gran público avances en las tecnologías científicas que están ya siendo aplicadas y que, hasta cierto punto, son de difícil difusión. Podríamos considerar que presentar la ciencia a través de anécdotas es un recurso pedagógico eficiente.

24. ¿GATTACA?

El título de este apartado, en clara alusión a una película de ciencia-ficción donde el ADN de cada individuo determinaba desde su concepción si era válido o inválido para los privilegios de una sociedad avanzada, es claramente provocativo, ya que el interés de este último apartado no es hablar de ciencia-ficción o de un improbable mundo futuro de humanos seleccinados por su ADN, sino hacer hincapié en dos temas de plena actualidad ya desde hace años: el acceso a la información genética individual y la creación y manejo de amplios bancos de datos genéticos de la población. La cuestión principal es: ¿quién, cómo, por qué y para qué debe genotiparse o ser incluido en bancos genéticos de ADN? Como el aspecto individual de la cuestión se ha comentado en otros apartados anteriores, no vamos a insistir más en ello.

Por otra parte, los bancos de ADN (un término poco preciso) son de hecho bancos de huellas genéticas de ADN, ya que cuando se crearon, no se trataba de generar bancos de todo el ADN de un individuo, sino de almacenar los datos de genotipado de suficientes marcadores genéticos para su uso con validez estadística en la identificación de material genético encontrado en un crimen, por ejemplo. Los primeros en crear este tipo de bancos genéticos fueron los anglosajones, a ambos lados del Atlántico, por un lado con la creación del CODIS (ver apartado 4), a partir de los datos obtenidos en el FBI y con la ayuda de los cuerpos forenses de los departamentos policiales en los Estados Unidos, y por otro, en el Reino Unido, con la donación obligatoria de material genético de cada individuo que hubiera cometido o fuera sospechoso de haber cometido un crimen (un crimen incluye una falta leve o infracción, como el hecho de estacionar el vehículo en un lugar prohibido o por mayor tiempo del debido).

Estos bancos de huellas genéticas estaban claramente destinados al cotejo y, por tanto, a simplificar la identidad genética de material biológico encontrado o involucrado en casos policiales, de la misma manera que las huellas digitales pueden identificar los dedos de un individuo. La gran diferencia entre el uso de una huella digital respecto a la huella genética es que esta última se obtiene a partir del ADN, el cual contiene gran cantidad de información además de la utilizada en la identificación personal, como son el parentesco genético y otros datos personales, como los genes con susceptibilidad de sufrir ciertas enfermedades, o con riesgo a sufrir determinados desórdenes mentales o comportamientos patológicos.

Estos bancos ya cuentan hoy en día con millones de muestras, y aunque han sido extremadamente útiles para resolver miles de casos, tienen tanto defensores como detractores parciales. Mejor dicho, hay relevantes personajes del mundo de la genética forense que mantienen una posición dual respecto a estos bancos de datos. Sir Alec Jeffreys (el primer científico en utilizar pruebas de genotipado forense, al establecer la utilidad del genotipado de marcadores minisatélites mediante el uso de transferencias de Southern e hibridación con sondas multiloci) ya puso de manifiesto que las muestras de ADN en los bancos de datos británicos no eran representativas de la población, puesto que existía una clara tendenciosidad, puesto que los policías requerían material de cualquier individuo de conducta «potencialmente» sospechosa, y tendían a considerar sospechosos a individuos de clases sociales bajas o marginadas, con lo que el banco de datos no era aleatorio. Una de las soluciones propuestas sería obtener material genético de cualquier individuo de una población a partir de una cierta edad, al igual que se hace en algunos Estados (como España) con las huellas digitales. Sin embargo, este tema genera argumentos apasionados sobre la protección de la intimidad del individuo (ver más abajo).

Para los interesados, en España la recogida de material genético y la creación de un banco de datos de ADN bajo el control del Cuerpo de Policía se articuló ya en 1994. En otoño de 2000 (BOE, 28 de septiembre de 2000), dos órdenes del Ministerio del Interior ampliaron el articulado mediante la creación de ficheros automatizados para la identificación genética. Por un lado, se creó el fichero ADN-Humanitas y por el otro, el ADN-Veritas, ambos bajo la responsabilidad de la Dirección General de la Policía y en teoría, su uso previsto se centra en las investigaciones realizadas por el Cuerpo Nacional de Policía, con cesión a otros organismos nacionales legitimados. El fichero ADN-Humanitas sería utilizado para el cotejo de muestras en labores humanitarias de identificación de restos humanos de víctimas de hechos catastróficos o criminales, así como cadáveres de desaparecidos, mientras que el ADN-Veritas estaría creado para su uso exclusivo en infracciones penales, con la identificación genética de vestigios biológicos recogidos en la investigación de hechos presuntamente delictivos, y quedando a disposición de las autoridades competentes. En 2002, nuevas órdenes matizaron e intentaron regular la recogida de datos genéticos, y se articuló la creación de la Agencia Nacional de perfiles de ADN, que en particular se dedica a regular la recolección de muestras, la acreditación de laboratorios, el establecimiento de las normas de seguridad de la cadena de custodia y la regulación de los ficheros de ADN nacionales, y la protección de datos personales. A este respecto, reputados juristas y otros especialistas interesados en el derecho y en la bioética han elaborado documentos (ver bibliografía) para comentar determinados aspectos sobre la elaboración de estos bancos de datos que deben ser tenidos en cuenta.

En noviembre de 2007, entró en vigor la ley española que regula la base de datos genéticos. Según la nota de prensa del Ministerio de Interior se calculaba que la aplicación resolvería cerca de 5.000 casos pendientes y se utilizaría en la resolución de un 45% de los casos criminales. Se apreció que supondría el ingreso y archivo de unas 30.000 perfiles genéticos nuevos cada año, a partir de sospechosos, detenidos o imputados en casos, así como de muestras biológicas recogidas en el lugar de delitos, restos cadavéricos o de material genético de personas desaparecidas. Esta base de datos conjunta estaba integrada por datos de la Policía Nacional, Guardia Civil y Mossos d'Esquadra, con la inminente integración de la Ertzainza y el Instituto Nacional de Toxicología, y en aquel momento tenía 45.000 perfiles genéticos, aunque sólo 6.000 eran indudables, es decir, se conocía a quién pertenecían, mientras que el resto estaban sin asignar, ya que habían sido recogidos en escenas de delitos. Esta base de datos se sirve del sistema CODIS americano y recibe ayuda y consejo para su elaboración del FBI americano (que ha exportado su sistema a otros países, incluida España). Según la propia nota del Ministerio, esta base de datos pretende ser especialmente cuidadosa con el derecho a la intimidad y sólo se inscribirán los perfiles de ADN que revelen la identidad del sujeto y el sexo, nunca otros datos que manifiesten distintos caracteres genéticos, aunque no cuenta qué se hará con la muestra de ADN restante, una vez se haya obtenido la información genética requerida. Por otra parte, la inscripción de estos datos no precisará del consentimiento del afectado si las muestras son obtenidas en delitos graves y, en todo caso, en aquellos que afecten a la vida, la libertad, la indemnidad o libertad sexual, la integridad de las personas, el patrimonio e investigaciones de delincuencia organizada. De igual forma, esta base de datos también podrá recibir perfiles de personas que, sin entrar en ninguno de los casos anteriormente referidos, consientan de forma libre y expresa su inclusión.

Otros países europeos están legislando o han legislado la elaboración de bancos de datos genéticos, generales o específicos para determinados delitos. Precisamente hace poco, durante el 2008, Suecia, el país con el más alto índice de violaciones tras Islandia y con menor número de condenas por abuso sexual (teniendo en cuenta que en los países nórdicos se considera violación la relación sexual mantenida con una persona narcotizada o bajo los efectos excesivos del alcohol), ha accedido a generar un banco de datos de ADN de acusados por violación ante la demanda social.

Sin embargo, y a medida que la generación de estos bancos de datos entran en conflicto con el derecho a la intimidad de las personas, también están apareciendo resoluciones judiciales en contra del almacenamiento no justificado de perfiles genéticos. Muy recientemente, en diciembre de 2008, el Tribunal Europeo de Derechos Humanos derogó la ley británica que permitía a su Gobierno el almacenamiento de ADN y la huella genética de personas sin ningún antecedente penal. Esta es una decisión sin precedentes (podrían haber más resoluciones en este sentido a medida que la generación y uso de bancos de datos genéticos se generalice), que forzará al Reino Unido a destruir cerca de un millón de muestras de su base de datos.

El caso se originó cuando la Policía Británica rechazó destruir las muestras de dos ciudadanos británicos cuyos casos criminales (no relacionados entre sí) habían sido desestimados o resueltos sin ser condenados. El Alto Tribunal Europeo determinó unánimemente que guardar muestras de ADN y huellas genéticas de civiles sin nexo criminal era una violación de la intimidad del individuo, la cual está protegida por la Convención de Derechos Humanos, que también firmó el Reino Unido. La decisión judicial también criticó el almacenamiento indiscriminado y general aplicado por la Policía Británica, cuya ley actual determina que sólo se destruyen las muestras cuando el donante ha fallecido, o ha cumplido más de 100 años. Inglaterra y Gales (ya que Escocia tiene una regulación propia y ya destruía las muestras tras la desestimación de un caso criminal) tienen hasta marzo de 2009 para acatar esta decisión inapelable, decidiendo qué muestras han de ser destruidas y cuáles conservadas. Muchos otros países europeos permiten un almacenamiento temporal de ADN en crímenes (sean de violación u otros), pero habitualmente las muestras se destruyen tras la conclusión del caso. Gran Bretaña posee uno de los bancos de datos más extensos del mundo, con más de 4 millones y medio de muestras, habitualmente recogidas con una muestra de mucosa bucal. El gobierno británico está consternado, ya que considera que este banco de datos genético es uno de los puntos fuertes en la resolución policial de numerosos crímenes y, además, como efecto colateral, desactiva en sus inicios el plan que proponía la recolección de ADN con muestras de todos los menores, como registro de identidad nacional y para almacenar otra información personal, como por ejemplo, defectos genéticos.

En sentido opuesto, en los Estados Unidos se ha anunciado la implementación de la recolección de muestras de ADN de cualquier arrestado, así como de cualquier individuo no americano que sea detenido, independientemente de si han sido acusados o no, o de cuál es la razón de su detención.

Como se puede inferir, el tema es muy polémico y está todavía en discusión, no sobre la utilidad de los bancos de ADN, que es evidente, sino sobre la recolección de datos, su manejo y uso, que pueden entrar en confrontación directa con el derecho de todo individuo a la intimidad genética. Esta cuestión no puede ni debe ser evitada y concierne a toda la sociedad, ya que se necesita de la coordinación de genetistas, juristas y especialistas en bioética, y concretar una legislación clara y precisa, con regulaciones claras sobre la obtención de muestras con un consentimiento informado y la potestad del material genético, sobre cómo se almacenan estos datos, sobre quién debe tener acceso a ellos, y sobre cuál es el uso que se les puede o debe dar. Como ya hemos comentado, una muestra biológica y su secuencia debe pertenecer a su donante, y el ADN sólo debería ser utilizado cuando es de interés social (por ejemplo, en un crimen o infracción grave) o cuando no perjudica directamente los intereses del individuo. En todo caso, sólo se debería introducir el perfil genético del individuo (sólo marcadores genéticos neutros) y tanto los datos del perfil, como el ADN restante y la muestra biológica originales deberían poder ser canceladas y destruidas, tanto cuando los dadores sean inocentes, como cuando los delitos prescriban. Debe existir para ello una regulación clara, eficaz y operativa. Como ya hemos comentado, al igual que un marcador genético nos puede identificar, otra secuencia puede informar del incremento en la probabilidad de sufrir ciertas enfermedades. A partir de este conocimiento, se nos podría denegar el acceso a la seguridad sanitaria privada o de mutuas, seguros de vida (como ya sucede en algunos casos en los Estados Unidos), o incluso el acceso a determinados puestos de trabajo.

No debemos olvidar que todo lo que fuimos, somos y seremos es potencial información, y está codificado en nuestro ADN. Podemos leer en él restos de nuestro pasado y el actual presente. Es nuestra responsabilidad entender, conocer, y si cabe, aplicar el uso que entre todos consideramos adecuado sobre esta información genética. Sólo con información adecuada podremos decidir.

El futuro, nuestro futuro, depende de nuestro discernimiento y nuestras decisiones.

VII

MANUAL DEL
GENETISTA FORENSE

25. EL LENGUAJE DE LOS GENES

¿Qué es la vida? Es una de las preguntas más difíciles de responder y, de hecho, los humanos han intentado abordarla desde todos los puntos de vista, mayormente filosóficos. Los biólogos, que en teoría serían los que mejor podrían responderla, han preferido, en general, substituir esta cuestión por otra aparentemente más abordable: ¿Qué es un ser vivo?

El problema con este tipo de preguntas es que no tienen respuesta única. La biología es la ciencia de las excepciones a las reglas. Así que, en general, los biólogos evitan la definición directa de un ser vivo, y prefieren responder la cuestión describiendo sus características. Tradicionalmente se dice que un ser vivo es todo ser que nace, crece y se reproduce, es decir, genera descendientes con características idénticas, o muy similares a sí mismo, y finalmente muere como unidad. El *quid* de la vida radica en que el ser vivo se reproduce, y para ello, debe transmitir la información para crear otro ser vivo de las mismas características. De forma muy, muy simplificada, la vida no sería más que: 1) transmisión de información, y 2) manifestación o elaboración de esta información en el momento y lugar adecuado. Esta información no es lineal, sino que debe desarrollarse en múltiples dimensiones, incluyendo tiempo y espacio, y para ello debe seguir un patrón establecido y definido pero versátil, un manual de instrucciones capaz de integrar y responder a estímulos. El manual de instrucciones para obtener un organismo se encuentra en su material genético, su ADN, lo que los genetistas denominan *genotipo*. La lectura y ejecución de este manual de instrucciones dará lugar al organismo con todas sus características, lo que denominamos genéricamente, *fenotipo*.

Los humanos tenemos la tendencia de aclarar los conceptos demasiado abstractos o complejos mediante símiles, más elaborados, como parábolas o fábulas, o más poéticos, como las metáforas. No es, pues, de extrañar que los genetistas muy pronto reconocieran las similitudes entre la información genética y la otra gran fuente de información inherente al ser humano, el lenguaje, y este reconocimiento ha implicado el trasvase y adaptación de términos lingüísticos a la genética. Los genetistas nos hemos apropiado (y dotado de nuevo significado) de términos como transcripción, traducción, código, letras... La información genética, como todo lenguaje, tiene elementos estructurales (letras, signos de puntuación, párrafos, apartados...), posee reglas gramaticales y sintácticas, y algunas excepciones, que también están regladas. Y como todo lenguaje, la información genética evoluciona, siendo la evolución o cambio intrínseco a la vida. Así, la información genética, como toda lengua viva, pierde, remodela, gana nueva información y también adquiere complejidad. Depende de quién la habla y cómo la habla. Depende del sujeto y del contexto.

El resultado final de la lectura y ejecución del manual de instrucciones depende directamente de la información contenida, pero también depende de factores externos, lo que denominamos de forma amplia, *ambiente*. El fenotipo o características de un individuo es el resultado de la interacción (cambiante, compleja, sutil, dependiente) del genotipo o información genética con el ambiente.

La información genética tiene una *dirección de flujo,* lo que se denominó en su día *Dogma central de la biología,* un término que hoy en día está en desuso (debido en parte a las excepciones que hay, evidentemente).

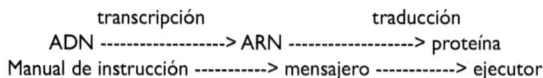

```
              transcripción              traducción
      ADN ------------------> ARN ------------------> proteína
  Manual de instrucción ----------> mensajero ------------> ejecutor
```

La gran mayoría de los organismos vivos tienen toda su información genética almacenada como manual de instrucción completo en el ADN, del cual, mediante la transcripción, hacen fotocopias transitorias en forma de ARN, que serían pequeños fragmentos de información genética. Estas fotocopias o moléculas de ARN son mensajeros que deben ser leídos y traducidos a proteínas, que son las ejecutoras reales, las que realizan una determinada función dentro de una célula.

RECORDAR:

- La información genética es un manual de instrucciones que se transmite a la descendencia.

- La información genética tiene una dirección de flujo: está almacenada en el ADN, el cual se transcribe a ARN, que es un mensajero, el cual a su vez, será traducido a proteína, que será la ejecutora de función.

- La información genética de un organismo es su genotipo. Las características finales, o fenotipo, dependen del genotipo y el ambiente.

26. EL ADN, UN MANUAL DE INSTRUCCIONES

ADN son las siglas de ácido desoxirribonucleico, un término que parece extraído de un trabalenguas. Y sin embargo, la palabra ADN y su estructura en forma de doble hélice forman ya parte de los símbolos de nuestra época. Los ácidos nucleicos contienen tres elementos básicos: un fosfato, un azúcar (que puede ser ribosa o desoxirribosa) y una base nitrogenada que, básicamente, puede ser de cinco tipos (las letras del lenguaje genético): A (adenina), G (guanina), C (citosina), T (timidina) y U (uracilo).

Los seres vivos contienen dos tipos de ácido nucleico, el ADN y el ARN (ácido ribonucleico) las diferencias son sutiles pero reales, ya que varía el azúcar y las bases que los componen. El ADN contiene como azúcar la desoxirribosa (de ahí su nombre), y cuatro letras: A, G, C y T. El ARN contiene ribosa y las cuatro letras: A, G, D y U. A efectos de lectura e información genética, la T y la U son sinónimas.

Aunque hemos enumerado los elementos que componen los ácidos nucleicos, éstos no se encuentran desordenados, sino que se unen en monómeros (subunidades), lo que denominamos *nucleótidos*: el nucleótido, tiene una molécula de azúcar (desoxirribosa o ribosa) como nexo de unión entre un fosfato y una base. Cuando se unen dos nucleótidos, lo hacen mediante un fosfato de un nucleótido y el azúcar del siguiente, de tal forma que pueden unirse muchísimos nucleótidos, formando una cadena. Como el azúcar y el fosfato son idénticos en todos los nucleótidos del ADN, lo que los distingue y por tanto contiene la información genética, son cada una de las bases. De hecho, las bases podrían ser consideradas las letras de nuestra información genética, y es su unión en la cadena, mejor dicho, la secuencia en la que se encuentran, la que contiene la información genética. De igual forma, la información en el lenguaje radica no en cada letra («a», «p» o «t») sino en su unión y consecución («patata»).

15/ James Watson (sup.) y Francis Crick (inf.) propusieron la estructura de doble hélice del ADN en 1953, basándose en los resultados previos de otros científicos, como E. Chargaff y R. Franklin. Por ello, obtuvieron el Premio Nobel de Medicina y Fisiología (1962) conjuntamente con Maurice Wilkins.

Cuando el número de nucleótidos unido es discreto (cifra variable entre 2 y 100), la cadena se denomina *oligonucleótido*. Normalmente, la información genética necesita de una cadena muy larga de bases, y por ello la medida que se utiliza es de kilobases (mil pares de bases, kb), o incluso megabases (1 millón de bases, Mb). Para que tengamos una idea aproximada, todo el genoma (toda la secuencia de ADN) de un virus puede variar entre 10 kb a 100 kb. El genoma humano contiene 3.300 Mb (sumando todo el ADN de 23 cromosomas distintos), pero en las células de nuestro cuerpo hay el doble, aproximadamente 6,600 Mb, ya que para cada cromosoma tenemos una pareja de homólogos, uno de los cromosomas homólogos procede del padre y el otro, de la madre.

Cuando se forma una cadena sencilla de ácido nucleico, sólo están implicados el fosfato y el azúcar del nucleótido, que forman la cadena como el pasamanos de una escalera, quedando la base libre en el centro. Esto es relevante, ya que una base puede «contactar» con otra base, estableciendo uniones débiles, denominadas en química *enlaces de puentes hidrógeno*, que son del mismo tipo de los que existen uniendo las moléculas de agua en estado líquido. Cada base de una cadena de ADN puede establecer enlaces de hidrógeno con una base de otra cadena sencilla de ADN, y cuando esto sucede para una cierta longitud, se forma lo que denominamos *cadena doble de ADN*, en la que dos cadenas sencillas se han unido mediante enlaces de hidrógeno. El estado de cadena doble del ADN es el estado más estable, que requiere menos energía y al que tiende de forma natural el ADN a temperaturas fisiológicas. Los enlaces de hidrógeno se «rompen» (se vuelven inestables) con el calor (al igual que ocurre con el agua, que al calentarla, las moléculas se separan y escapan en forma de vapor) y el ADN de cadena doble se desestabiliza hasta desnaturalizarse en dos cadenas simples al incrementar la temperatura a 100 grados centígrados.

Esta capacidad de las bases del ADN de establecer numerosos puentes de hidrógeno para formar una doble cadena debe cumplir, sin embargo, la regla de complementariedad de bases: una A debe aparearse con una T en la cadena opuesta, y una G con una C (y viceversa). Cuando esto sucede, las dos cadenas de ADN están muy próximas y los enlaces son estables. En el ADN de doble cadena, las bases apareadas quedan en el interior, formando como los escalones de una escalera, y en la que los azúcares y fosfato están en el exterior, como pasamanos.

Como hemos mencionado, el material genético de la mayor parte de organismos es el ADN, que es más estable y menos reactivo que el ARN.

Pero es que, además, la estructura de doble cadena del ADN permite, intrínsecamente, tener una copia de seguridad de la información genética a la vez que explica cómo puede replicarse la información genética de forma eficiente, fiable, reproducible y estable. Esto es así debido a la complementariedad de bases: sabiendo la secuencia de una cadena, podemos inferir directamente cuál será la secuencia de la cadena con la que está unida, ya que ha de ser complementaria. Asimismo, la célula (el organismo), cuando copia una cadena de ADN para reproducirse, lo hace siguiendo la complementariedad de bases, así como cuando repara daños y lesiones en su ADN, asegurándose el mantenimiento de la información genética.

Así, suponiendo la secuencia del fragmento de una cadena:

-----ATCCCTTGAA-----

la complementaria sería

-----TAGGGAACTT-----

Esto explica por qué, habitualmente, cuando hablamos de cualquier secuencia, sólo damos la secuencia de una de las dos cadenas de ADN. Esto es relevante, porque normalmente el genetista habla de «pares de bases», o pb (en inglés, *base pairs* o bp), implicando que la cadena de ADN es doble y complementaria. De hecho, cuando hablamos de kilobases, o megabases, se quiere decir kilopares de bases (mil pares de bases) o megapares de bases (1 millón de pares de bases).

Por otra parte, y como sucede en cualquier lengua, hay un sentido de lectura. En las lenguas occidentales, leemos de izquierda a derecha y, por tanto, no significa lo mismo leer «arroz» que «zorra». El ADN (como el ARN) también tiene dirección, la dirección en que se sintetiza la cadena cuando los nucleótidos se polimerizan (unen). Sin entrar en detalles, la izquierda del ADN es lo que denominamos «extremo 5' « (léase, cinco prima) y lo que sería la derecha del ADN, es el «extremo 3' « (léase, tres prima). Así, el ADN (y el ARN) se «leen», es decir, se copian, transcriben y traducen de 5' a 3'.

Las dos cadenas de ADN complementarias están en direcciones opuestas, o antiparalelas. Así, en el ejemplo de la secuencia anterior, la forma correcta de escribirla sería:

5' -----ATCCCTTGAA----- 3'
3' -----TAGGGAACTT----- 5'

RECORDAR:

- Los ácidos nucleicos son polímeros, cadenas formadas por la unión de muchas subunidades (monómeros) más pequeñas, los nucleótidos (con un fosfato, un azúcar y una base).

- El elemento del nucleótido que contiene la información genética y le confiere identidad es la base. En el ADN, hay 4 bases distintas: A (adenina), G (guanina), C (citosina), y T (timina). La secuencia de las bases en la cadena es la que contiene la información genética (similar a la unión de letras para formar palabras en nuestra lengua).

- Las cadenas de ADN contienen muchos nucleótidos, que se miden por miles (kilobases) o incluso, millones (megabases).

- El ADN suele estar en doble cadena. Las dos cadenas son complementarias, siguiendo la regla de unión siguiente: la A sólo se aparea con la T (y viceversa), la G sólo se Aparea con la C (y viceversa). Habitualmente, sólo se trabaja con una de las cadenas, ya que la complementaria se infiere directamente.

- El ADN (y el ARN) tiene dirección de síntesis y lectura. La información genética se lee de 5' a 3'. Las dos cadenas de ADN complementarias tienen direcciones opuestas (antiparalelas).

27. EL CÓDIGO GENÉTICO. ESPÍAS Y SORPRESAS

Como se ha comentado anteriormente, la información genética está contenida en el ADN, más concretamente, en la secuencia de bases en una determinada molécula. También hemos mencionado que cada base podría ser considerada una letra del lenguaje genético. Si eso es así, ¿cómo se forman las palabras?, ¿cómo sabe la célula dónde empieza y dónde termina una frase o un apartado?

Durante casi la primera mitad del siglo XX, a pesar de conocer la composición del ADN, los científicos pensaban que no tenía suficiente variedad como para contener toda la información genética. Durante varios decenios se pensó que era mucho más probable que la información genética residiera en realidad en las proteínas, ya que como su propio nombre indica (el término deriva de Proteo, el dios griego del cambio), las proteínas eran múltiples y variadas en su secuencia y en su estructura. Para empezar contaban con 21 subunidades (los aminoácidos) en lugar de sólo 4 bases.

Pronto se demostró que la información original estaba almacenada en los ácidos nucleicos y que cuando éstos se «leen», se obtienen las proteínas. Claramente, tenía que existir un código de traducción que permitiera pasar de la secuencia de ADN, en teoría más sencilla, a la de las proteínas. Se trataba de un mensaje cifrado, y obtener el código sería como efectuar un trabajo de espías intentado traducir una comunicación secreta; sólo los iniciados podrían entender el significado de un mensaje codificado. Aunque parezca mentira, el trabajo inicial fue realizado a nivel intelectual. Parecía evidente que una única base no podía tener significado per se, ya que sólo había, 4 en el ADN y había, 20 aminoácidos. Un cálculo teórico rápido predijo, pues, que como mínimo tenían que ser tripletes, es decir, 3 bases seguidas (4^3 = 64 posibilidades) las que pudieran ser consideradas palabras con significado. También se predijo que si había 64 posibilidades y sólo 20 aminoácidos, aunque hubiera alguna combinación que implicara inicio o final (signos de puntuación), probablemente habría redundancia, es decir, «palabras sinónimas», combinaciones de bases que tuvieran el mismo significado, lo que en términos genéticos se denomina que el código genético está *degenerado*. Ambas predicciones (realizadas por genios brillantes de la biología molecular, Francis Crick y Sidney Brenner) se demostraron ciertas experimentalmente. Con esfuerzo se llegó a una tabla de correspondencia, en la que se determinó la relación precisa entre cada secuencia de tres bases en el ADN y su interpretación en el código genético, es decir, el aminoácido que codifica cada triplete, incluido el triplete de inicio y tres tripletes de terminación o finalización de lectura, es lo que denominamos *código genético*, que es universal para todos los organismos, salvo mínimas excepciones.

A partir de este momento, la definición de gen pasó de un mero elemento filosófico-teórico a una entidad física real. Un gen era una información genética que contenía información para traducirse y obtener una proteína. Un gen tenía que tener secuencias controladoras para dirigir su transcripción, es decir, la producción de su fotocopia en ARN, y secuencias codificantes, las que realmente eran traducidas a proteínas. Por tanto, un gen era la secuencia de ADN que contenía la información necesaria para obtener una proteína, y subsiguientemente, realizar una función dentro de la célula. Era una instrucción completa dentro del manual de instrucciones. A partir de entonces se habló del genoma como el conjunto de genes e instrucciones completas para generar un organismo.

Cuando se descubrió que a través de una secuencia de ADN podía averiguarse qué proteína codificaba, los científicos se lanzaron a secuenciar el ADN de organismos. Fue la época del advenimiento y desarrollo de las técnicas de ADN recombinante, que aunque parezcan ya clásicas, no tienen más de cincuenta años de antigüedad, y en su mayoría se han desarrollado en los últimos veinticinco años del siglo XX (de alguna manera, están en plena juventud para los estándares de edad humana, i incluso para los estándares de la mayoría de ciencias!). Fue entonces cuando se hizo un descubrimiento crucial.

16/ Esquema de la obtención de ARNm a partir de ADN, mediante el proceso de transcripción, que tiene lugar en el núcleo celular. Este ARNm es transportado al citoplasma para su traducción en proteína.

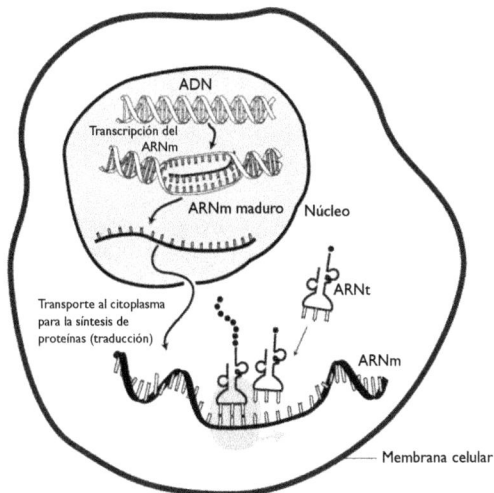

En organismos procariotas, en los que el ADN no está encerrado en el núcleo (básicamente, bacterias), la secuencia codificante de un gen era continua y, por tanto, una vez identificada, era fácil deducir la proteína que producía. Pero en organismos eucariotas (con núcleo), entre los que nos encontramos, la secuencia codificante de un gen estaba partida en párrafos. No solamente eso, sino que entre un párrafo y el siguiente con significado había inmersas múltiples bases sin sentido. Eso implicaba que las instrucciones en el genoma eucariota estaban partidas, y que la célula debía hacer inicialmente una fotocopia borrador, que debería ser pulida, madurada, recortando aquellas secuencias que no tenían sentido y uniendo los párrafos con significado para que al final, el ARN mensajero totalmente maduro pudiera ser traducido en una proteína funcional correcta. Los párrafos que perduran tras la maduración, con sentido, se denominan *exones*. Las secuencias inmersas que han de ser recortadas, tras ser reconocidas por determinadas señales, se denominan *intrones*.

Actualmente se sabe que en un gen humano, la mayor parte de la secuencia que se transcribe son intrones (el promedio de tamaño de un gen humano es de 10 kilobases), mientras que los exones son secuencias minoritarias dentro del gen (el promedio de su tamaño en los genes humanos es de 150 a 250 bases). Puede parecer una pérdida enorme de tiempo y un dispendio de energía innecesario tener la secuencia partida en fragmentos que deben ser reconocidos y empalmados, pero el hecho de que la mayor parte de organismos presentan esta organización génica en exones/intrones sugiere que no sólo funciona perfectamente, sino que ha sido seleccionado favorablemente.

Este apartado puede parecer ocioso en el contexto de un libro de ADN forense, una curiosidad, más para los estudiosos que para el público general, y sin embargo, es muy importante para nuestro tema. ¿Por qué? Porque introduce varios conceptos que son muy útiles:

1. El ADN (genoma) de un organismo (léase, humanos, plantas, animal de interés) contiene regiones codificantes que serán traducidas a proteínas, pero también contiene muchas regiones que finalmente son recortadas y no parecen tener función. No solamente eso, sino que se calcula que un porcentaje muy elevado del genoma no tiene ninguna relación con genes. De hecho, según un cálculo relativamente preciso sobre el genoma humano, sólo el 3% del genoma son genes o secuencias relacionadas y un 97% son secuencias que no tienen nada que ver con genes.

2. Se sabe que las variaciones de la secuencia o mutaciones (ver apartado a continuación) se producen al azar. Mutaciones en regiones codificantes pueden alterar la secuencia de bases y, por tanto, el aminoácido que codifican. Sin embargo, si la mayor parte del genoma no codifica ni está relacionado con genes, la mayor parte de mutaciones no tienen efecto en las proteínas, que son las que realizan la función. De ahí se podría asumir que la mayor parte de mutaciones no tienen efecto en el fenotipo y no pueden ser seleccionadas (ni a favor, ni en contra), con lo que su efecto desde el punto de vista de la selección natural sería neutro.

Ahora ya tenemos los suficientes conocimientos previos para pasar al siguiente tema e intentar responder a la siguiente pregunta, ¿por qué los individuos de una misma especie, por ejemplo, nosotros, los humanos, aun siendo muy parecidos, somos distintos?

RECORDAR:

- El código genético está formado por tripletes (secuencias de tres bases) no solapados.

- El código genético es degenerado, es decir, distintas combinaciones de tripletes («palabras») son sinónimas, traducidas por el mismo aminoácido.

- Los genes son instrucciones completas del ADN, que contienen la información genética necesaria para producir una proteína. Los genes tienen regiones reguladoras y regiones codificantes (las que se traducen en proteína).

- Las regiones codificantes de los genes de organismos procariotas son continuas. Las regiones codificantes de organismos eucariotas son discontinuas, divididas en exones, codificantes (generalmente, pequeños) e intrones, no codificantes (generalmente, de mayor tamaño).

- El ARN de los genes eucariotas debe ser procesado para recortar los intrones y unir los exones, dando lugar a un ARN mensajero maduro, que será traducido a proteína.

- Alrededor del 97% del genoma humano está constituido por secuencias no codificantes y no relacionadas con genes, que puede acumular variación sin aparente efecto en el fenotipo (características) del organismo

---

28. MÁS PERFECTOS QUE EL MEJOR ESCRIBA MEDIEVAL

Inherente a la vida y a la transmisión de la información es la evolución. Evolución significa cambio. En el contexto del lenguaje hablaríamos de pérdida de palabras, aceptación de neologismos, nuevas acepciones para términos ya existentes, incluso raramente, abandono o adquisición de nuevas reglas gramaticales...

En el contexto de la genética, si el ADN contiene la información genética, ¿qué sucede cuando hay cambios en su secuencia? La respuesta es que si hay un cambio en la información, ese cambio puede repercutir en la ejecución de la función que tenía codificada. Lo cual implicará, en el peor de los casos y si la información era vital, muerte del organismo, pero en general, pérdida o refinamiento de funciones, adquisición de nueva información, o más raramente, creación de nuevas redes, incremento de complejidad. Si el organismo sobrevive y puede reproducirse, se generarán nuevas combinaciones genéticas e incrementará la variabilidad. Estos cambios podrán perderse o perdurar o incluso ser seleccionados a favor, según el efecto sobre el organismo, es decir, si mejoran o empeoran su adaptación al ambiente y la probabilidad de dejar más descendientes. Selección natural.

Pero, también inherente a la vida, existe la calidad en la transmisión de la información genética. Si entre padres e hijos la lengua variara excesivamente, no podrían entenderse (lo cual sucede en la adolescencia por otras razones, pero no, afortunadamente, cuando son niños). Si en el proceso de transmitir el ADN, éste variara excesivamente entre progenitor y descendiente, lo más probable es que este último hubiera adquirido uno o múltiples cambios perjudiciales (deletéreos), o incluso incompatibles con la vida, con lo que la supervivencia de la especie como tal se vería comprometida. Deben existir mecanismos que aseguren la fidelidad en la transmisión de la información genética, ya que si una información genética funciona correctamente, el organismo sobrevive y puede dejar descendientes. Cuantos más descendientes tenga y mejor sobrevivan éstos, mejor sobrevive la especie.

De hecho, los mecanismos para asegurar la fidelidad en la transmisión de la información son ancestrales y coevolucionaron con la vida misma, son inherentes al sistema, y compartidos por todos los organismos vivos celulares. Las proteínas encargadas de replicar el ADN están pulidas tras millones de años de selección natural, son máquinas casi perfectas de copia, reconocen el nucleótido complementario a la cadena de ADN molde que están copiando y lo unen al nucleótido anterior a velocidades cercanas al milisegundo (50.000 bases por minuto en la bacteria *Escherichia coli*, habitante común de nuestro intestino), y lo hacen con una perfección casi absoluta. Casi. Sólo se equivocan una vez de cada millón de bases que colocan. Y tienen su propio mecanismo de borrado y corrección, lo que denominamos *prueba de lectura*, que es capaz de detectar el error y permitir que renueve la copia del nucleótido equivocado, rebajando en tres órdenes de magnitud el error asociado a la copia. Es decir, que las proteínas encargadas de copiar nuestro ADN en las células y pasarlo a la descendencia, tanto da que consideremos una bacteria o un humano, tiene un error total asociado de un único nucleótido erróneo por cada mil millones de bases copiadas.

Para que nos hagamos una idea de lo que implica, supongamos que analizamos el trabajo de un escriba amanuense medieval. Antes de la imprenta, todos los libros eran copiados cuidadamente a mano, por una mente humana, pensante, capaz de copiar y reconocer errores. Una línea escrita a mano puede contener de 10-20 palabras, y una página puede contener 25 líneas. Cada página puede contener entre 250 y 500 palabras. Un libro de 1000 páginas tendría entre 250.000 y 500.000 palabras. Estamos hablando de copiar entre 4.000 y 2.000 libros sin cometer una sola falta, y a velocidades de 10 minutos por libro, copiando y corrigiendo. Imposible para ningún ser humano. Las polimerasas de ADN son mejores que un escriba medieval. Casi perfectas. Y sin embargo, no es todavía suficiente.

Todos los organismos celulares cuentan con mecanismos adicionales para detectar los pocos errores que se producen tras la replicación del ADN y, sobre todo, para corregir los daños y lesiones que se producen por el mero hecho que el ADN se usa constantemente y está conti-

17/ Imagen de un escriba (amanuense) medieval.

nuamente expuesto para ser transcrito. Así pues, el ADN necesita ser reparado para mantener íntegra su información. Huestes de proteínas de todo tipo rebajan un orden de magnitud más, hasta 10^{-10} (un nucleótido erróneo por cada 10 mil millones) el porcentaje de cambio en el ADN por replicación. Teniendo en cuenta que nuestras células tienen 6.600 millones de pares de bases, esto quiere decir que una de nuestras células puede llegar a replicar todo su ADN con un porcentaje de error menor a uno. Pero evidentemente, tarde o temprano, alguna mutación se producirá, y si ésta ocurre en las células germinales, que darán lugar a los óvulos y espermatozoides, podrá ser transmitido a la descendencia.

¿Qué sucede entonces? ¿Es que todo cambio en el ADN tiene un efecto detectable? Estas preguntas son importantes, aunque no tienen una respuesta directa y única. Aquí deberemos tener en cuenta el efecto dentro de la información. Hay tripletes que significan lo mismo, un cambio sinónimo no debería tener efecto en la información codificada. Un cambio en la región de control puede tener un efecto inesperado o pasar desapercibido, según afecte o no a su función. Pero es que además, en muchos organismos, entre los que nos contamos los humanos, la mayor parte del ADN no codifica, lo cual no quiere decir que no pueda tener función alguna, pero esa función quizás no es directamente atribuible a la secuencia de bases estrictamente. Es decir, si una secuencia no debe ser leída y traducida a proteína, un cambio de una base por otra muy probablemente no tenga un efecto claro sobre el organismo. Simplificando, pueden existir cambios en la secuencia del ADN que no impliquen ningún cambio que pueda ser objeto de selección natural, por lo que se puede transmitir a la descendencia y extenderse a la población tras generaciones, siguiendo las leyes de herencia pero sin selección a favor ni en contra.

De hecho, hoy sabemos que la mayor parte de la variabilidad genética entre humanos (y entre poblaciones de una especie) es de este tipo, cambios no observables en el fenotipo (características del individuo), pero que se transmiten a la descendencia y nos «hacen» distintos.

Los cambios en la secuencia de ADN se denominan de forma genérica *mutaciones* (del latín *mutare*, cambiar). Pero dado que los términos mutante y mutación se usan mayoritariamente en su acepción de causantes de un fenotipo visible y detectable, o que incluso en humanos son términos utilizados para cambios en el ADN causantes de una enfermedad, los genetistas han recurrido a un término distinto, *polimorfismo* (que indica que para un determinado ADN existen formas distintas, secuencias distintas, o alelos), para denominar los cambios genéticos que serían a *priori* neutros y que se encuentran distribuidos en la población sin selección.

Los polimorfismos genéticos están distribuidos en nuestro genoma al azar, se crearon de *novo* en alguno de nuestros ancestros (y se continúan produciendo en cada generación), con una tasa basal debida a errores intrínsecos al sistema celular (errores en la replicación, por recombinación), o bien con una tasa variable y que puede ser muy elevada, debida a factores extrínsecos (acción de agentes mutagénicos, como exceso de radiación, nicotina, quimioterapia...).

En todo caso, lo que es importante para nuestro tema es que forman parte de la información genética. La combinación que tenemos en nuestro ADN es única y nos «marca» con un código identificable. La única excepción son los hermanos gemelos monocigóticos, que proceden de la unión de un único óvulo y espermatozoide y que, por tanto, comparten toda la información genética. Su manual de instrucciones original es realmente idéntico. Además, los marcadores genéticos son parte de nuestra secuencia de ADN, se encuentran localizados en los cromosomas, por lo que nos han sido transmitidos y, a nuestra vez, transmitiremos a nuestros descendientes la mitad de nuestros marcadores genéticos, con lo que los marcadores genéticos permiten estudios de paternidad y parentesco genético (ver apartado 30).

RECORDAR:

- Se producen cambios en ADN que son heredables. Si tienen un efecto sobre el fenotipo se llaman mutaciones. Si son neutros se suelen denominar polimorfismos.

- Los polimorfismos que presentan una frecuencia detectable en la población son útiles para el análisis genético. También se llaman marcadores genéticos.

---

29. EL MAPA DEL TESORO

Existen muchos tipos distintos de cambios en la secuencia de ADN, o polimorfismos genéticos. Pero los que nos interesan son aquellos que nos serán útiles para identificar específicamente individuos y, por tanto, que reúnan una serie de criterios objetivos: que sean neutros, que estén distribuidos en la población, que sean informativos, que no nos den resultados poco fiables o poco repetitivos, que sean fáciles de analizar y con técnicas económicas. En suma, buenos, bonitos y baratos. El nombre genérico que se utiliza para los polimorfismos que se usan para analizar el ADN es el de *marcadores genéticos*. Cada marcador tiene un nombre propio que le distingue y que en el caso de los microsatélites y SNP (ver más abajo), dado su elevado número, fue estandarizado e introducido, junto todos sus posibles alelos y las condiciones concretas para genotiparlo (detectarlo), en bases de datos públicas y así, facilitar la reproducibilidad y evitar confusiones.

De todos los marcadores genéticos, los que más se han utilizado o se utilizan, se clasifican en cuatro grupos (por orden cronológico de uso en técnicas de análisis genético, siendo los últimos, los más recientes):

— los RFLP (siglas en inglés de *Restriction Fragment Length Polymorphisms*), también traducidos como PLFR (Polimorfismo en la Longitud de un Fragmento de Restricción). Son cambios en la secuencia de ADN que producen la generación o la pérdida de una diana para un enzima que reconoce y corta el ADN sólo en secuencias

18/ Esquema de la estructura y variabilidad de un marcador genético polimórfico de repeticiones en tándem: mini- y microsatélites. En este esquema se han dibujado cuatro alelos distintos, que sólo varían entre ellos por el número de repeticiones. La diferencia entre minisatélites y microsatélites viene determinada por la longitud de la unidad de repetición (ver texto).

Alelo 1
Alelo 2
Alelo 3
Alelo 4

concretas. El proceso de corte de ADN se denomina *digestión* o *restricción* (de ahí el nombre).

- Los minisatélites o VNTRs (*Variable Nucleotide Tandem Repeats*, repeticiones de un número variable de nucléotidos). Son secuencias de ADN que se repiten en tándem, una tras otra en una región de un cromosoma. Lo que es variable es el número de repeticiones en que se encuentran, y también la unidad que se repite. Los minisatélites agrupan la repetición de una unidad mayor de 10 nucleótidos hasta incluso kilobases. Aunque fueron de los primeros marcadores genéticos en usarse, y la mayor parte de figuras sobre ADN forense que se encuentran en Internet proceden de la aplicación de estos marcadores, actualmente están francamente en desuso, excepto por algunos minisatélites de menor tamaño, que han sido estandarizados, introducidos en manuales de uso forense y en bancos de datos poblacionales.

- los microsatélites o STR (*Short Tandem Repeats*, repeticiones cortas en tándem). Son secuencias de ADN que se repiten en tándem, una tras otra, tal y como se ha descrito para los minisatélites, pero en este caso, los microsatélites agrupan los marcadores con repeticiones desde 1 a 10 nucleótidos, que reciben incluso denominación según la unidad de repetición (mono, di, tri, tetranucleótido). Son los más utilizados hoy en día en análisis forense, debido a su entandarización, su simplicidad de análisis, su elevado nivel de informatividad, su introducción en los manuales de referencia forense aprobados internacionalmente y sus frecuencias alélicas entradas en bancos de datos poblacionales, pero respecto al análisis genético están siendo claramente desbancados por

- los SNP (pronúnciese *snips, Single Nucleotide Polymorphisms*, polimorfismos en un único nucleótido). Los SNP son cambios puntuales de secuencia de un determinado nucleótido, es decir, que en una misma posición pueden presentarse diversas bases. Se calcula que hay más de 10 millones de SNP repartidos azarosamente por todo el genoma humano, de los cuáles entre uno y 6 millones tendrían suficientemente informatividad poblacional para ser usados en análisis genéticos. Aunque en teoría, en una determinada posición pueden haber cuatro posibles bases: a saber, A, T, C y G, la mayoría de SNPs son bialélicos (es decir, que en la población humana sólo se encuentran dos bases cuando se secuencia aquella posición), con lo que su informatividad es mucho menor que los microsatélites. Su gran ventaja es su elevadísimo número, su distribución uniforme en el genoma, y sobre todo, la facilidad para hacer análisis de alto rendimiento (en inglés, *high-throughput*) estandarizados y económicos para un gran número de SNP al mismo tiempo. Los bancos de datos están siendo actualizados continuamente en estudios poblacionales, con datos sobre su frecuencia alélica en la población cada vez más fiables. Los SNP son sin duda el gran recurso en análisis genéticos de poblaciones humanas y serán en el futuro también utilizados en técnicas forenses, una vez superada la inercia de recambio de las técnicas actuales.

En general, los alelos de los marcadores tipo RFLP suelen tener dos alelos que se numeran como 1 y 2, uno que contiene una diana para un enzima restricción (el cual digiere, es decir, corta el ADN en esa diana) y el otro alelo en que no hay la secuencia diana (y por tanto, no habrá digestión). En cambio, los mini y microsatélites suelen tener muchos alelos que se nombran por números, los cuales suelen reflejar el número de repeticiones en tándem que contienen. Por último, los SNP, como se ha comentado, suelen ser bialélicos en las poblaciones humanas. Por ello, los alelos se nombran por el nucléotido variable (así, C/T quiere decir que en aquella posición del ADN se pueden encontrar 2 posibles alelos o secuencias, un alelo tendría una C y el otro, una T). En la siguiente tabla, se intentan ordenar estos conceptos presentando ejemplos de marcadores, con una nomenclatura típica, el tipo de marcador al que se refiere, y el número de alelos y nombre que reciben éstos.

Nombre marcador	Tipo de marcador	Alelos detectados en poblaciones (cada alelo está separado por coma)
Taq21-	RFLP	1 (digestión), 2 (no digestión) para el enzima de restricción TaqI
vWA	Minisatélite	11,12,13,14,15,16,17,18,19,20,21 (11 alelos)
D8S1179	Microsatélite	8,9,10,11,12,13,14,15,16,17 y 18 (11 alelos)
rs12676110	SNP	G/A (G o A)

Cada polimorfismo está inmerso en una secuencia concreta y, por tanto, tiene también una localización concreta dentro de un cromosoma. Actualmente, sabemos exactamente en qué posición, dado que el genoma humano está totalmente secuenciado. Esto implica que podemos diseñar análisis para estudiar cada marcador concreto, y así asignar siempre un resultado a un marcador. Al análisis de marcadores se lo denomina *genotipado*, mientras que cada uno de los resultados recibe el nombre de *genotipo*.

Por ejemplo, según la tabla anterior, una persona concreta, A.D., podría presentar los siguientes genotipos:
Genotipo de A.D.

Nombre marcador	Tipo de marcador	Genotipo (cada alelo está separado por coma)
Taq21-	RFLP	1, 1
vWA	Minisatélite	13,19
D8S1179	Microsatélite	10,11
rs12676110	SNP	A, G

Ahora lo comparamos con el genotipo de otra persona, por ejemplo, G. M.
Genotipo de G.M.

Nombre marcador	Tipo de marcador	Genotipo (cada alelo está separado por coma)
Taq21-	RFLP	2, 2
vWA	Minisatélite	9,12
D8S1179	Microsatélite	8,13
rs12676110	SNP	A, A

Fijémonos en que para los marcadores con menor número de alelos (RFLP y SNO) es muy frecuente que los individuos sean homozigotos y, en cambio, suelen ser heterocigotos tanto para minisatélites como para microsatélites. Eso es debido a que los RFLP y los SNP son menos informativos (tienen un menor número de alelos) y, por tanto, existe una mayor probabilidad de ser homozigoto.

Dado que conocemos la localización de los marcadores dentro del cromosoma y dado que el ADN de un cromosoma es una molécula lineal, sabemos el orden de cada marcador dentro de la secuencia cromosómica y podemos calcular sus distancias. Así, podemos asignarlos a una determinada posición si estamos realizando una representación esquemática de un cromosoma. En esto consisten los mapas genéticos y físicos cromosómicos: son planos, a mayor o menor detalle, de la situación de los marcadores polimórficos respecto a genes y todo tipo de secuencias. Vendría a ser como un mapa de carreteras, donde hay marcadas referencias que nos orientan en nuestro camino, donde no sólo se marcan ciudades y pueblos sino también ríos, puentes y montañas, todo mantenido a escala. Con un buen mapa es imposible perderse, sólo hay que saber lo que se busca. Lo mismo sucede con los mapas genómicos. La posición de los marcadores nos indica qué lugar cromosómico estamos analizando, y cuando averiguamos el genotipo, es decir, la secuencia de aquel marcador para un individuo concreto, nos permite establecer la herencia de aquella región cromosómica.

Hoy en día, con el genoma humano secuenciado, los bancos de datos incluyen toda la secuencia de cada cromosoma, con la localización exacta de marcadores, genes, regiones de regulación... Mediante la unión por hipertexto, se puede conseguir toda la información relativa a cada marcador, incluyendo si se localizan en regiones no funcionales o si son intragénicos, si son potencialmente patogénicos (mutaciones) o son probablemente neutros, cómo es la secuencia dónde está inmerso, y si se conoce, la frecuencia de cada alelo del polimorfismo según las poblaciones, cómo analizarlos y por qué técnica, etc... Estos bancos de datos son de acceso público, están renovándose continuamente con nuevos artículos y datos de todos los científicos del mundo que los están utilizando para sus análisis, deviniendo herramientas de trabajo cada vez más precisas para el análisis genético.

RECORDAR:

- Hasta el momento, se han utilizado y todavía se utilizan 4 tipos de marcadores polimórficos en análisis genéticos humanos: los RFLP, los minisatélites, los microsatélites y los SNP.

- Aunque actualmente los SNP son considerados los marcadores más útiles, la Genética Forense todavía utiliza microsatélites y algún minisatélite, debido a su elevada informatividad y a su estandarización en protocolos aprobados internacionalmente.

- Se conoce exactamente la posición y secuencia de cada marcador genético en el genoma humano. los bancos de datos incluyen sus frecuencias alélicas en distintas poblaciones.

---

30. ¿DE DÓNDE VENIMOS Y ADÓNDE VAMOS? HERENCIA E IDENTIDAD

Recordemos que nuestras células tienen un par de cada cromosoma, es decir, un par de cromosomas 1, un par de cromosomas 2, y así hasta el cromosoma 22, éstos son los que llamamos *autosomas*, o cromosomas autosómicos. Luego tenemos un par de cromosomas sexuales, llamados así porque determinan el sexo del individuo. Una mujer presenta dos cromosomas X (XX), mientras que un varón presenta dos cromosomas distintos, el X y el Y (XY). Como la mayor parte de nuestro ADN está en los cromosomas autosómicos, para una determinada secuencia, tenemos en principio dos copias, una en cada cromosoma del par. Esta secuencia puede ser invariante e idéntica en ambos cromosomas y no existir variabilidad entre humanos, con lo que no es relevante para el análisis genético. Pero en el caso de un polimorfismo genético, en el que existe variación, tenemos en realidad dos secuencias a considerar, la que está en un cromosoma y la que está en el otro cromosoma del par.

Así, supongamos que para un determinado polimorfismo podemos tener dos formas alélicas, por ejemplo, en un SNP concreto, podemos tener una A y una G. Supongamos que tenemos un método de genotipado rápido que nos permite distinguir qué secuencia (si A o G) hay en esa posición concreta. Como tenemos dos cromosomas, podemos tener una A en un cromosoma y una A en el otro; en ambos cromosomas, una G; o bien, en un cromosoma una A, y en el otro una G. Cuando el alelo o secuencia que analizamos es el mismo para los dos cromosomas, se dice que el individuo es *homocigoto* para esa variante (sea mutación o polimorfismo). Cuando el alelo o secuencia es distinto para los dos cromosomas, se dice que el individuo es *heterocigoto* para esa variante. Para el ejemplo que hemos puesto, tendremos dos homocigotos posibles, AA y GG, y un heterocigoto, AG.

Supongamos que somos heterocigotos AG para ese polimorfismo. ¿Hay alguien más que comparta con nosotros este genotipo? Si hacemos un análisis genético de la población para ese mismo polimorfismo, podremos clasificar a los individuos como AA, GG o AG, pero claramente el porcentaje de personas que compartirán con nosotros el genotipo AG es menor que el total. Y esto puede ser cuantificado, ya que podemos establecer la frecuencia de cada alelo dentro de la población.

Si no miramos un único marcador, sino varios, tendremos que el número de individuos que puedan compartir con nosotros la misma combinación de alelos para todos los polimorfismos que estemos analizando decrecerá rápidamente, dependiendo del número de polimorfismos analizados y de su frecuencia alélica, hasta llegar a un valor tan, tan bajo que prácticamente su valor estadístico indica que la probabilidad de que alguien comparta con nosotros la misma combinación alélica es despreciable (a excepción de los gemelos monocigóticos, como ya se ha indicado). Esta es la base de la identificación genética. Un material biológico, una muestra de sangre o de semen, es asignada cuando el análisis de marcadores (no de uno, ni de dos, sino de muchos, un número suficiente para que el valor estadístico sea fiable) muestra que la combinación de polimorfismos es idéntica entre muestra e individuo y que la probabilidad estadística de que alguien más comparta el mismo genotipo es tan baja como para tener una certeza racional (que no absoluta, puesto que el error no puede ser nunca 0, ver apartado 4) de que la asignación genética es correcta. Hablamos, entonces, de *identidad genética*. La estimación de marcadores mínimos a utilizar está determinada por organismos forenses internacionales en 12 marcadores microsatélites y minisatélites más el gen de la amelogenina (en el CODIS), mientras que el EDNAP sugiere el uso de al menos 8 marcadores nucleares (ver apartado 4).

Pongamos por caso un ejemplo de genotipado de un individuo. Ya hemos comentado que actualmente en los laboratorios de genética forense se utilizan mini y microsatélites. Un perfil genético de una muestra concreta de un individuo a partir de semen, sangre o saliva (que recordemos, proporcionará el mismo resultado, ya que todas las células de un mismo individuo comparten la misma información genética, salvo raras excepciones) podría ser el siguiente, teniendo en cuenta que en la primera fila se nombran los marcadores, en la segunda se enumeran los alelos y en la tercera se proporciona el cálculo de probabilidades de que otro individuo en la población posea el mismo genotipo (los marcadores y las frecuencias alélicas se han obtenido del CODIS, utilizado en EE.UU, ver apartado 4).

D3S1358	D5S818	D7S820	D8S1179	D13S317	D16S359	D21S11	CSF1PO	FGA	TH01	TPOX	vWA	AMEL (sexo)
15,18	11,13	10,10	12,13	11,11	11,11	29,31	11,11	19,24	9,9'3	8,8	16,16	X,Y
8'2%	13%	6'3%	9'9%	1'2%	9'5%	2'3%	7'2%	1'7%	9'6%	3'5%	4'4%	Varón

En este caso hipotético, la probabilidad de que otra persona en la misma población (sin tener en cuenta su sexo) compartiera el mismo genotipo sería el producto de las probabilidades para cada marcador (son probabilidades independientes entre sí), es decir:

8'2% × 13% × 6'3% × 1'2% × 9'5% × 2'3% × 7'2% × 1'7% × 9'6% × 3'5% × 4'4% = 3'2 × 10^{-15} por tanto, menor de 0'000000000000003. La identificación genética, pues, tendría categoría de certeza racional «casi» absoluta. La única excepción se daría con la existencia de gemelos monocigóticos, como ya se ha puntualizado anteriormente, o bien con individuos clónicos, un caso puramente hipotético para humanos, pero que se puede dar en animales y plantas.

Por todo ello, el genotipado de un individuo para marcadores genéticos produce un perfil único, también llamado *huella genética* (en inglés, *DNA fingerprint*). Hay que recordar, sin embargo, que aunque en España y en otros muchos países existe una base de datos poblacional que incluye las huellas dactilares de todos los individuos (tomadas y archivadas al cumplimentar el formulario para obtener el DNI), no existe una base de datos con nuestros datos genéticos. Sin embargo, en algunos países, por ejemplo, en el Reino Unido, se recaban muestras genéticas de todos los individuos que han cometido una infracción o crimen, y de forma obligatoria, en las aduanas de los EE.UU. se demanda actualmente la huella dactilar del dedo índice a cualquier persona que quiera entrar en territorio estadounidense. No es descabellado pensar que, en el futuro y en muchos países, se demande obligatoriamente a toda la población la cesión de material biológico para establecer bancos de datos genéticos para identificación, al igual que se realiza hoy en día con las huellas dactilares de nuestro índice derecho en nuestro país a partir de los 14 años.

Cambiando de tema, si en lugar de identificación genética consideramos casos de paternidad, cabe recordar que los humanos nos reproducimos sexualmente (como muchos otros organismos), por lo que de cada par de cromosomas, uno lo hemos heredado por vía materna y el otro por vía paterna. Esto es así porque durante la formación de óvulos y espermatozoides se produce una reducción del número de cromosomas mediante un proceso de división celular específico denominado *meiosis*. En la meiosis, las células finales reciben un cromosoma de cada par, con lo que quedan con 23 crosomomas: uno de cada par autosómico (un cromosoma 1, un cromosoma 2...) y uno del par de cromosomas sexuales. En el caso de las mujeres, todos los óvulos contienen un cromosoma X, mientras que en los espermatozoides, la mitad contienen un cromosoma X y la otra mitad el cromosoma Y. La combinatoria de cromosomas es azarosa, y además, existe un proceso de intercambio de información entre cromosomas del mismo par durante la meiosis, con lo que dentro de cada óvulo o de cada espermatozoide habrá la mitad de la información genética del progenitor, pero cada óvulo y espermatozoide contiene una

SNP1

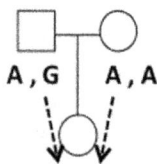

A , G | A , A

19/ Supongamos que somos heterocigotos AG, y que nuestra madre era homocigota AA y nuestro padre heterocigoto AG. Forzosamente, nuestro padre nos ha dado el cromosoma con el alelo G, y nuestra madre una de sus A.

combinatoria distinta. El ADN de todo descendiente procede de sus dos progenitores, mitad de padre y mitad de madre, pero cada hermano descendiente del mismo padre y madre tendrá combinaciones distintas de la información parental. De forma extrema, dos hermanos podrían recibir cada uno la mitad de información genética de padre y madre complementaria, sin compartir nada, y también de forma extrema, dos hermanos podrían recibir exactamente la misma información de padre y madre azarosamente (no estamos considerando aquí los gemelos monocigóticos, ya que en este caso, procederían de un único cigoto escindido, es decir, de un único óvulo y de un espermatozoide). Estas dos situaciones extremas son muy improbables estadísticamente, y de hecho, en promedio, los hermanos comparten un 50% de su genoma. Es por ello, que los hermanos se parecen pero son distintos, tanto entre ellos como respecto a sus padres.

Así pues, se pueden establecer asignaciones de paternidad, y de parentesco (hermanos, abuelos) con el análisis genético. Los casos de análisis genéticos de paternidad son los más claros estadísticamente. Ya que todo material genético de una determinada persona procede la mitad de su padre y la mitad de su madre. Sin ambigüedades. Supongamos que estemos considerando un SNP concreto, con dos posibles alelos: A o G. Si somos homocigotos AA, quiere decir que tanto el cromosoma que procede de nuestra madre como el de nuestro padre, ambos presentaban una A en el polimorfismo concreto que estamos mirando. Si somos heterocigotos, hemos heredado secuencias distintas de padre y de madre para esa posición concreta del ADN, de uno, un cromosoma con una A y, del otro, un cromosoma con una G.

Supongamos ahora que tenemos un hijo; si le pasamos el cromosoma con el alelo G, le estaremos transmitiendo el cromosoma que habíamos heredado de nuestro padre. Si le pasamos el cromosoma con el alelo A, le estaremos transmitiendo el que habíamos heredado de nuestra madre. En eso consiste el estudio de la herencia y el parentesco genético. De nuevo, no puede hacerse el análisis con un único marcador, sino con el número suficiente de marcadores para que el valor estadístico sea fiable. En general, en los análisis genéticos de paternidad se habla de exclusión o de inclusión de presuntos padres (ver apartado 4).

Para los análisis de parentesco genético, se consideran los valores promedio de alelos compartidos según la cercanía de la relación genética. Recordemos que compartimos con nuestros hermanos un promedio del 50% de nuestro genoma y, por tanto, el 50% de los marcadores genéticos. Compartimos un promedio del 25% del genoma (marcadores incluidos) con nuestros abuelos, paternos o maternos. Compartimos también genoma con nuestros primos hermanos, primos segundos, primos terceros, y así sucesivamente, aunque por cada generación que nos separa el promedio del porcentaje común del genoma se reduce a la mitad. Así que, de hecho, mirando nuestro ADN se pueden establecer patrones de parentesco genético que se han olvidado a través de las generaciones, podemos mirar hacia el pasado tanto como podemos mirar hacia el futuro, a través de nuestros hijos, y nuestros nietos, y sus descendientes.

RECORDAR:

- Cada individuo humano tiene una combinación única de marcadores genéticos que le identifica. Esta combinación tiene un valor estadístico asociado, según el número de marcadores analizados y la frecuencia alélica de cada marcador. Sólo los gemelos monocigóticos comparten exactamente la misma secuencia de ADN y, por tanto, la misma combinación de marcadores.

- Los marcadores genéticos están en la secuencia de ADN y, por tanto, se heredan. Transmitimos a nuestra descendencia la mitad de nuestros marcadores genéticos y por ello, sirven para análisis de paternidad y parentesco genético.

---

31. MADRES Y PADRES SON DISTINTOS

Tanto para las pruebas genéticas de identidad como de paternidad o parentesco genético, es importante recordar que padres y madres son distintos genéticamente y contribuyen también de forma distinta a la información genética de su descendencia.

Los humanos tienen 46 cromosomas ordenados en 23 pares. De estos 23, 22 son iguales y reciben el nombre de cromosomas autosómicos. El par de cromosomas número 23 reciben el nombre de cromosomas sexuales porque contienen la información genética necesaria para la determinación del sexo en el embrión. Las mujeres tienen un par de cromosomas X, mientras que los varones tienen un par heterogéneo, un cromosoma X y un Y (no en todos los organismos de reproducción sexual es así, por ejemplo, en las aves, las hembras son heterocromosómicas, ZW, y los machos, ZZ). Las mujeres sólo pueden generar homogametos con un X como cromosoma sexual, mientras que los varones son heterogaméticos, con espermatozoides que llevan un cromosoma X y otros que llevan el Y. Si el espermatozoide que lleva el cromosoma X fecunda un óvulo, el embrión producido será hembra (si no existen mutaciones en la información genética restante). Por tanto, todas las hijas de un mismo padre han heredado seguro el único X de su padre (esta información es especialmente relevante, no tanto en casos forenses como en el estudio genético de enfermedades hereditarias, tema que no se trata en este manual).

En cambio, si el espermatozoide que fecunda el óvulo lleva un cromosoma Y, generará un embrión varón. Como el cromosoma X e Y son en su mayor parte distintos, no se intercambia información genética durante la meiosis (excepto en una pequeña región). Eso quiere decir que básicamente el cromosoma Y pasa íntegro de padres a hijos por vía androgenética. O lo que es lo mismo, todos los varones de una misma familia, independientemente de las generaciones que puedan haber pasado, comparten el mismo cromosoma Y, con los mínimos cambios que puedan haberse acumulado con el tiempo. El análisis de marcadores genéticos del cromosoma Y permite establecer inequívocamente parentescos paterno-filiales por vía estrictamente masculina. Y permite distinguir muestras de origen masculino, ya que son las únicas que contienen cromosoma Y. Evidentemente, esta información es muy útil en determinados casos forenses, como se verá más adelante, pero ya se puede comprender que el estudio de marcadores del cromosoma Y permite distinguir también si hay muestras de origen masculino único o de varios varones, como puede suceder en casos de agresión sexual múltiple.

Aunque en general se asume que la información genética está en el núcleo de la célula y que en un embrión la mitad de la información genética procede de cada progenitor, hay que mencionar una clara excepción que, además, es relevante para ciertos casos forenses. Existe información genética fuera del núcleo, en los orgánulos denominados *mitocondrias*, que se encuentran, normalmente por millares, en el citoplasma de las células. Las mitocondrias son esenciales para la producción de energía y la respiración celular, y se multiplican por replicación directa de su ADN y escisión. La información que contiene su ADN es limitada, cierto, pero existen polimorfismos conocidos. Dado que en el cigoto todas las mitocondrias proceden del citoplasma del óvulo (la aportación de mitocondrias por parte del espermatozoide es despreciable), una madre da sus mitocondrias a sus hijos a través de sus óvulos, pero está dando copias de las mismas mitocondrias que le dio su madre, y la madre de ésta, y así sucesivamente por vía estrictamente maternofilial femenina (o vía ginogenética)

La información genética de las mitocondrias es transmitida no por el núcleo, sino por el citoplasma que recibe el cigoto, de ahí que esta herencia se denomine *herencia citoplasmática*. Aparte de las mutaciones que puedan haber, que causan habitualmente severas patologías, existen numerosos polimorfismos neutros que pueden ser genotipados. Dado que en una célula hay un solo núcleo pero centenares de mitocondrias, en muestras de material biológico muy maltrecho, en material fósil o de gran antigüedad, es mucho más fácil recuperar ADN mitocondrial que nuclear y suele producir información genética viable, tanto para establecer identidad genética como en pruebas de parentesco (paternidad).

Si ahora dejamos de lado la paternidad/maternidad, y recordamos una de las primeras informaciones de este apartado, hemos aseverado que las mujeres son XX y los varones XY (y esto es así para la gran mayoría de individuos, excepto si hay alteraciones genéticas que no vamos a comentar y que son excepciones). Una de las pruebas de genotipado básico en identificación forense es determinar si una determinada muestra procede de mujer o de varón. Aunque no se mira directamente si la muestra presenta presenta dos cromosomas XX o es XY, se efectúa una prueba genética que determina efectivamente si la muestra es XX, o XY, mediante análisis de un gen que se encuentra en ambos cromosomas pero que presenta una variante que discrimina entre los dos cromosomas. Hablamos del famoso gen de la amelogenina (muy mentado en series forenses televisivas). Este gen lleva la información genética para producir la proteína del esmalte dental, lo cuál puede parecer prosaico o, incluso, chocante. ¿Qué tiene qué ver el esmalte dental con la determinación del sexo?

Pues bien, el gen de la amelogenina (AMEL), del cromosoma X es prácticamente idéntico al del Y, pero existe una diferencia, leve, pero identificable: en una región concreta del gen de la amelogenina hay una inserción de 6 nucléotidos en el cromosoma Y respecto al gen del X. Esta mutación no afecta a la producción ni a la función de la proteína, y no tiene efecto en el fenotipo de las personas (se encuentra dentro de un intrón del gen AMEL), pero en cambio, esta variación es fácilmente detectable si se efectúa una amplificación por PCR (*Polymerase Chain Reaction*, o reacción en cadena de la polimerasa) y se separa por electroforesis el ADN obtenido (ver apartado 32, para detalles y esquema de estas técnicas). En una muestra femenina, donde hay dos X, se observa una banda de tamaño único, ya que ambos X tienen la misma secuencia y producen una secuencia de igual tamaño. En cambio, si se analiza una muestra masculina se obtienen dos bandas de tamaño distinto. La distancia entre los dos productos es de exactamente 6 bases, ya que la secuencia producida por la amplificación del cromosoma masculino es 6 bases mayor que el producido por la amplificación del cromosoma X.

Así pues, para averiguar si una muestra biológica procede de mujer o de hombre, basta la amplificación y análisis de esta región concreta del gen de la amelogenina.

Secuencia de la región variable de los genes de la amelogenina AMELX y AMELY humanos, mostrando la diferencia de 6 nucleótidos entre ambos. La amplificación específica de esta región produce bandas de dos tamaños distintos según si el ADN es de mujer (XX) o de hombre (XY)

```
AMELX    CCCTGGGCTCTGTAAAGAATAGTGTGTTGATTCTTTATCCCAGAT------GTTTCTCAA
AMELY    CCCTGGGCTCTGTAAAGAATAGTGGGTGGATTCTTCATCCCAAATAAAGTGGTTTCTCAA

AMELX    GTGGTCCTGATTTTACAGTTCCTACCACCAGCTTCCCAGTTTAAGCTCTGAT    106 nt
```

En la siguiente figura se muestra el resultado del test de la amelogenina en muestras de ADN de dos individuos de distinto sexo. En este test, se ha amplificado por PCR el ADN de dos individuos (hombre y mujer) y se han separado las bandas obtenidas por electroforesis en gel de agarosa (los signos negativo y positivo señalan la posición de los electrodos del campo eléctrico, y la flecha la dirección de corrida y separación desde el punto de aplicación). En estas condiciones, las bandas se separan según su peso molecular; cuanto más pequeñas, mayor será la distancia recorrida desde el punto de aplicación.

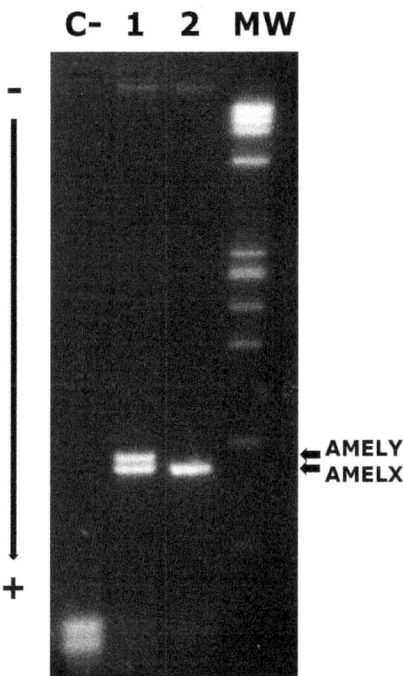

20/ En el carril C- (control negativo de la PCR) no hay ninguna amplificación (el carril se ve vacío). En el carril 1 hay la muestra de un hombre y en el carril 2 la muestra de una mujer. Como se puede observar, hay dos bandas distintas, la inferior es la que resulta de la amplificación del gen AMELX (amelogenina del cromosoma X), que es la de menor tamaño (106 nt) y, por tanto, ha corrido más cerca del polo +; la superior corresponde a la amplificación del gen AMELY (amelogenina del cromosoma Y), que produce una banda con 6 nucleótidos más (112 nt). MW- es el marcador del peso molecular. (Foto de Laura Aldosa y Gemma Marfany, 2008.)

RECORDAR:

- El cromosoma Y se transmite de padres a hijos varones, por vía estrictamente paterno-filial masculina. El cromosoma Y permite establecer parentesco por vía androgenética.

- Existe ADN en las mitocondrias, el cual se hereda a través de las mitocondrias que se encuentran en el citoplasma de los óvulos. Todos los hijos de una misma madre tienen las mismas mitocondrias, y éstas han sido transmitidas por vía materno-filial femenina. Las mitocondrias permiten establecer parentescos ginogenéticos.

- Las mujeres tienen dos cromosomas X (XX) y los hombres son XY. Una prueba de ADN permite distinguir si una muestra es XX (de origen femenino) o XY (masculino) amplificando el gen de la amelogenina (AMEL). En un intrón de AMEL, el alelo del cromosoma Y presenta una inserción de 6 nucleótidos respecto al del cromosoma X. Estas diferencias son analizables por PCR, ya que las mujeres producen una única banda, mientras los varones producen dos: una correspondiente al cromosoma X y otra, de tamaño 6 bases mayor, correspondiente al gen AMEL del cromosoma Y.

32. ¿QUÉ HACE REALMENTE UN CSI (GENETISTA FORENSE) EN EL LABORATORIO?

Debemos advertir que en este apartado, el texto puede presentar contenido más científico, aunque sea mencionado de forma muy simple, para enumerar algunas de las técnicas utilizadas en un laboratorio forense.

El genetista forense se dedica, en principio, a los siguientes puntos: extracción, purificación y cuantificación de ADN, genotipado de ADN (actualmente por la técnica de PCR, pero dependiendo del marcador escogido las técnicas son variables, ver más abajo) e interpretación de resultados. Como, en general, el número de células en la muestra (sangre, saliva, semen, huesos, piel...) es bajo, la cantidad de material genético suele ser a *priori* insuficiente para analizarlo directamente. Éste era un problema crítico antaño, cuando las técnicas utilizadas se basaban en análisis de RFLP y minisatélites (ver apartado 32) mediante transferencias Southern seguidas de hibridaciones con sondas *multiloci* (que reconoce múltiples marcadores) o *unilocus* (que reconoce un único marcador) (ver más abajo y consultar glosario). De hecho, si uno navega a través de la red y busca ejemplos de aplicación de técnicas forenses, se encuentra con imágenes obtenidas de casos solucionados con esta aproximación. Esta técnica, desarrollada por el británico Sir Alec Jeffreys, se basaba en la obtención de ADN en cantidad considerable: un mínimo de 1 microgramo y hasta 100 microgramos (millonésimas de gramo), lo cual puede parecernos poco, pero hablando en términos de ADN es una cantidad que sólo se puede obtener cuando hay gran cantidad de material biológico fresco. Este ADN se «corta» en fragmentos más cortos, se separa por tamaño, y se transfiere y fija a una matriz sólida (habitualmente, una membrana de nylon o nitrocelulosa). Este proceso recibe el nombre de *transferencia Southern* (en honor al científico que diseñó la técnica, Edward Southern). Una vez que el ADN está fijado en una membrana puede ser tratado sin temor a perderlo. Es importante desnaturalizarlo, de forma que las cadenas queden libres para «hibridar» si encuentran una cadena complementaria. Y se tiene que disponer de una «sonda», siendo la sonda una secuencia de ADN conocida que se marca radioactivamente (o por otros medios que sean detectables), que es desnaturalizada y que se deja hibridar en solución junto con la membrana de Southern. Allí donde encuentre una cadena complementaria, el ADN de la sonda se renaturalizará con el ADN de la membrana, quedando la doble cadena marcada en una posición determinada que puede ser detectada. La sonda utilizada en estudios forenses podía detectar múltiples regiones del genoma (multiloci) o una sola región (unilocus), pero siempre detectaba regiones polimórficas (minisatélites), cuyos alelos se distinguen porque dan distintos tamaños.

En las las hibridaciones Southern multiloci, el patrón de bandas que se obtiene es múltiple y complejo y parece un código de barras como el que marca los productos en un supermercado, con bandas más intensas y otras más tenues, distribuidas por todo el carril. Como cada individuo tiene tamaños diferentes según los alelos de cada marcador, parece como si para cada ADN hubiera un «código de barras» distintivo, y esta imagen forma ya parte de nuestros símbolos. Hemos de saber, sin embargo, que para aplicaciones forenses esta técnica está ya claramente obsoleta (en parte por la dificultad de seguir unos protocolos estandarizables y repetibles en laboratorios independientes, en parte por el complejo cálculo estadístico asociado, y en parte porque requería gran cantidad de ADN, cuando en la mayoría de muestras biológicas que se procesan en estudios forenses, la cantidad de ADN es mínima) y, por tanto, no se practica de forma habitual en genética forense desde hace «mucho» tiempo. La percepción del tiempo es siempre relativa, pero en ciencia, y en particular, en genética, diez años son «muchos» años, ya que la tecnología y el conocimiento genético evolucionan constantemente. Con todo, estos ejemplos sirven para ilustrar y entender los parámetros básicos de la interpretación genética. Pueden ser consultados e incluso solucionados a modo de

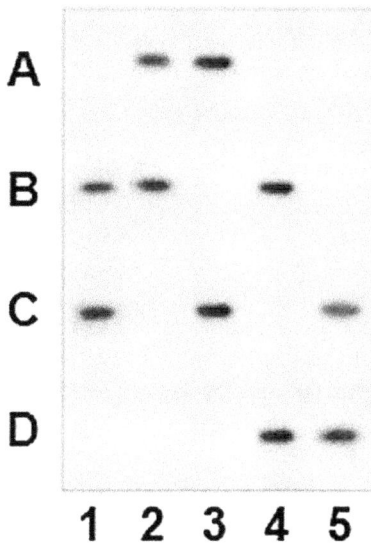

21/ En esta figura encontramos un ejemplo de prueba de paternidad mediante hibridación Southern con una sonda unilocus. La madre está en el carril 3 y el padre en el carril 4, mientras que los carriles 1, 2 y 5 corresponden a tres hijos. Como se observa, hay cuatro alelos, llamados A, B, C y D. La madre presenta los alelos A,C y el padre es B,D. Los hijos heredan un alelo de padre y uno de madre. Por ejemplo, el hijo 1 es B,C, habiendo heredado el alelo B de su padre y el D de su madre.

problema en algunas direcciones de la red (ver direcciones en la sección de Bibliografía). Sin embargo, no vamos a detenernos innecesariamente en esta parte y vamos a adentrarnos en las técnicas que actualmente se utilizan en un laboratorio forense.

El campo de la genética forense hizo un salto de gigante (al igual que lo hicieron todos los campos científicos que se dedican al estudio del material genético) cuando se inventó una nueva técnica, denominada *PCR*, tan revolucionaria que mereció el Premio Nobel de Química del año 1993 a Karis Mullis. La PCR (*Polymerase Chain Reaction*, o Reacción en Cadena de la Polimerasa) permite la amplificación exponencial del ADN aunque sea a partir de muestras ínfimas o muy deterioradas, como por ejemplo, de un hueso fósil, o incluso de una única célula. En general, no se necesita un gran conocimiento técnico para poder comprender los principios en que se basa la genética forense, pero en este caso concreto, hay características especiales de esta técnica que merecen una explicación un poco más detallada.

En general, la PCR implica la polimerización (amplificación) selectiva y cíclica de un fragmento concreto del ADN de un organismo. Para ello, se necesita disponer: del ADN a copiar (molde), obtenido a partir de la muestra; de una polimerasa (proteína capaz de polimerizar el ADN); de la concentración de sales, tampones y condiciones adecuadas para que tenga lugar la reacción enzimática; de nucleótidos precursores de ADN y, además, de dos secuencias muy cortas de ADN, a las que denominamos *oligonucleótidos* o *cebadores* (*primers*, en inglés), de una longitud de 18 a 30 bases, y que son idénticos a la secuencia del ADN del organismo (en este caso, del ADN humano) que queremos amplificar. La PCR se hace en ciclos (ver más abajo). Normalmente, entre 30 y 40 ciclos, en los que teóricamente hay una amplificación exponencial del material original. Para hacer un cálculo aproximado, aunque hubiera una única molécula de ADN en la muestra, tras el primer ciclo tendríamos 2, y al final de 30 ciclos, tendríamos $2^{(30-1)}$ moléculas de ADN.

Un requisito indispensable es un buen diseño de los cebadores, de forma que sólo se logre la amplificación de la secuencia concreta de ADN que se quiere analizar. Es lo que se denomina *especificidad* de los cebadores y por supuesto, deben ser diseñados con la dirección correcta sobre la doble cadena de ADN, para conseguir la amplificación de un fragmento del tamaño adecuado para su análisis o su secuenciación.

Cada ciclo consta de una secuencia de tres pasos:

1. *desnaturalización*, en la que hay separación de las cadenas de un ADN dúplex por rotura de los enlaces de hidrógeno a 94°C;
2. *anillamiento*, alineamiento o hibridación, en la que una temperatura más baja permite la formación de nuevos enlaces de hidrógeno entre el ADN a copiar y los cebadores;
3. *polimerización* o *elongación*, en la que la temperatura permite la actuación óptima del enzima polimerásica, normalmente a 72°C.

El segundo paso del ciclo es variable en cuanto a temperatura y tiempo, a discreción del investigador, ya que depende de los cebadores utilizados (de la secuencia y longitud que poseen y la estabilidad de los enlaces de hidrógeno que pueden crear con el molde). El tercer paso depende de la longitud a amplificar (la polimerasa que se utiliza copia, en promedio, mil bases/minuto). La enzima (o proteína polimerásica) utilizada se denomina *Taq polimerasa* y se caracteriza por su resistencia a las altas temperaturas, ya que procede de una bacteria termófila (*Thermophilus aquaticus*), que vive en aguas termales y resistie temperaturas muy elevadas sin desnaturalizarse (estropearse). A continuación, estos pasos se encuentran resumidos en el tipo de esquema que los científicos utilizamos para explicar las condiciones que puede seguir un protocolo de PCR.

Una PCR típica podría ser:

2   minutos /94°C   (desnaturalización general del ADN)
30 segundos /94°C ⎤
30 segundos /60°C ⎥ × 35 ciclos
30 segundos /72°C ⎦
2   minutos /72°C   (polimerización final)

Toda la reacción se realiza en aparatos especiales que permiten cambios muy rápidos de temperatura denominados *termocicladores*. Todo el proceso, desde la obtención del ADN de la muestra hasta la reacción y análisis, está estandarizado, es repetible y repetitivo, sometido a normas ISO y de control, e incluso es automatizable en estaciones robotizadas de alto rendimiento (high-throughput). El proceso es muy rápido y se realiza en poco tiempo (horas), pero no ocupa unos pocos minutos, como las series televisivas parecen sugerir.

El único inconveniente de esta técnica es, a la vez, su máxima ventaja. La PCR es una técnica extremadamente potente. Si puede amplificar a partir de una única molécula de ADN, entonces es altamente sensible

22/ Esquema de la reacción en cadena de la polimerasa (PCR) en la que se observan los distintos pasos de que consta la reacción (1, 2 y 3), que tiene como resultado la amplificación exponencial del producto a medida que pasan los ciclos. Las esferas representan a la polimerasa.

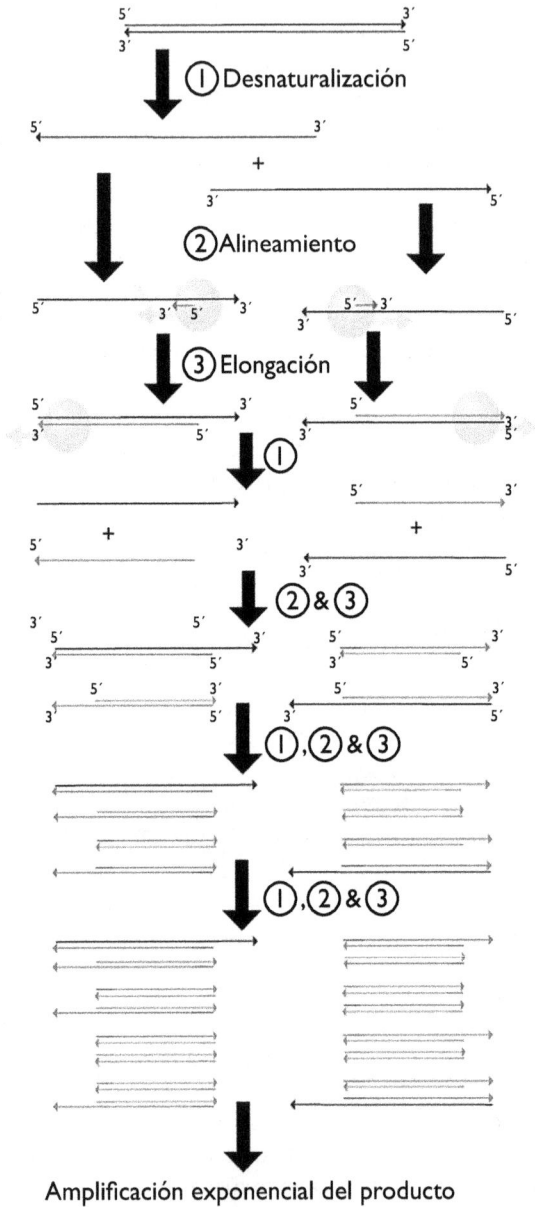

Amplificación exponencial del producto

a contaminaciones externas. Los investigadores deben extremar las precauciones cuando utilizan esta técnica para evitar la contaminación de las muestras, lo que conduciría a falsos resultados. Estas medidas deben ser aplicadas desde el inicio, cuando se determina la escena de un crimen o se efectúa el descubrimiento de unos restos, incluso antes de que se recojan las pruebas a ser analizadas (entre otras medidas, los investigadores deben llevar guantes, para evitar la contaminación con su propio ADN).

Por todo ello, los laboratorios en que se utiliza la técnica de PCR siguen unos protocolos muy determinados, llenos de controles internos y externos de la reacción. Este detalle puede parecer poco importante, pero de hecho es crucial para la resolución de casos, ya que implica que desde la recogida y el procesado de las muestras in situ, en el traslado, en su conservación y en el laboratorio, se deben también seguir unos protocolos muy concretos o se invalidarían los resultados obtenidos.

RECORDAR:

- Existen diferencias sobre la cantidad de ADN y la eficiencia en su extracción entre distintos tipos de muestras biológicas. Existen protocolos aprobados y estandarizados para cada muestra.

- Antes los marcadores utilizados en genética forense eran básicamente RFLP y minisatélites, y se genotipaban mediante análisis Southern con hibridaciones de sondas multiloci o unilocus. Las limitaciones principales de esta técnica eran la cantidad de material genético de partida, su difícil estandarización y el cálculo estadístico.

- Actualmente, se utilizan marcadores amplificables por PCR: minisatélites cortos y microsatélites, y en un futuro, probablemente también SNP, los cuáles permiten un análisis automatizable de un gran número de posiciones.

- La PCR es una técnica muy potente que permite amplificar ADN de muestras ínfimas (una o muy pocas células), o incluso, deterioradas (muestras incineradas o alteradas, y fósiles).

GLOSARIO

Ácido desoxirribonucleico (ADN) – Molécula que transmite la información genética. El ADN es un polímero formado por unidades llamadas nucleótidos, que constan de un azúcar (la desoxirribosa), un fosfato y una base nitrogenada. Existen 4 tipos de bases nitrogenadas en el ADN, denominadas A (adenina), T (timina), C (citosina) y G (guanina). El orden o secuencia de estas bases nitrogenadas determina la información, de manera similar a como el orden de las letras determina un mensaje. Además, el ADN se encuentra habitualmente en hebras dobles (o doble cadena), tomando una conformación en estructura de doble hélice, y en la que hay una norma estricta de apareamiento de bases (pares de bases): una A sólo puede hibridar o aparearse con una T (y viceversa), y una C sólo puede aparearse con una G (y viceversa). Esta regla se denomina complementariedad de bases. A efectos prácticos, lo que esto indica es que sabiendo la secuencia de bases de una de las cadenas queda determinada cuál es la secuencia en su cadena pareja, y por ello, normalmente sólo se indica la secuencia de una de ellas.

ADN – (en inglés, *DNA*) Ver ácido desoxirribonucleico.

ADNmt – ADN mitocondrial. La célula tiene un gran núcleo, donde se almacena el ADN nuclear, con la mayor parte de la información genética, pero tiene, además, miles de mitocondrias, cada una con ADN mitocondrial, que codifica para funciones básicas de la mitocondria. Dado que contienen varias copias de ADN por cada mitocondria, una célula presenta sólo dos copias de todo su ADN nuclear, mientras que contiene miles de copias de su ADNmt. Por ello, el análisis del ADNmt suele reservarse para muestras mal preservadas o fósiles. Las mitocondrias de un individuo proceden del óvulo de su madre, por lo que el ADNmt se hereda por transmisión materna.

Alelo – Cada una de las posibles versiones de un gen o secuencia de ADN, situados en la misma posición cromosómica (también denominada locus).

Base – Subunidades de los nucleótidos que forman los ácidos nucleicos. Existen 4 bases distintas en el ADN, denominadas A (adenina), T (timina), C (citosina) y G (guanina). Consultar ácido desoxirribonucleico.

Cebador – (en inglés, *primer*) Oligonucleótido, es decir, molécula corta de ADN de cadena sencilla que se usa en la técnica de PCR para amplificar ADN.

Control – Muestra cuyo resultado ya se conoce previamente. En los experimentos de PCR suele haber controles negativos y controles positivos.

Cromosoma – Cada una de las moléculas de ADN. El núcleo de las células humanas contienen 46 crosomomas, ordenados en 23 pares, 22 son autosomas y hay un par de cromosomas sexuales, el X y el Y, ya que su combinación determina el sexo del individuo (las mujeres son XX y los hombres, XY). De cada par de cromosomas, uno tiene origen materno y el otro paterno, ya que las células gaméticas, óvulos y espermatozoides, contienen 23 cromosomas, uno de cada par de cromosomas homólogos.

Electroforesis – Técnica de laboratorio que permite separar moléculas, habitualmente proteínas o ADN, dentro una matriz al conectar un campo eléctrico. Los fragmentos de ADN poseen carga negativa debido a los iones fosfato y por ello se mueven hacia el polo positivo en un campo eléctrico. En general, los fragmentos más pequeños migran más rápido que los fragmentos de mayor peso o envergadura.

Enzima – Proteína que posee una determinada actividad catalítica, es decir, que realiza reacciones químicas dentro de condiciones fisiológicas.

Exclusión– Término forense que implica que un determinado genotipado difiere de la prueba obtenida (en pruebas de identificación genética) o del resultado esperado (en pruebas de paternidad).

Frecuencia (alélica, poblacional...) – Número relativo (habitualmente, en tanto por uno o tanto por ciento) de alelos o de individuos respecto al total de la población.

Gen – Secuencia de ADN que codifica para una información completa, habitualmente, una proteína concreta.

Genética – Ciencia que estudia la herencia y, por ende, la información genética, es decir, el ADN.

Genoma – Todo el ADN (información genética) de un individuo. Por inclusión, se entiende por genoma todos los genes de un individuo, aún cuando el genoma es más extenso, ya que comprende toda la información genética: genes, más secuencias no génicas. Por extensión, también comprende el concepto de especie: genoma humano, genoma de ratón, etc.

Genotipo – Combinación particular de ADN (alelos) de un individuo. Puede referirse a todo el genotipo (secuencia de todo su genoma), o bien, a genes, secuencias o marcadores genéticos concretos, con lo que implica averiguar la combinación alélica para un locus o varios loci.

Haplogrupo – Agrupación de haplotipos siguiendo el criterio de que comparten los mismos alelos en la mayoría de marcadores. Por extension, se puede utilizar para agrupar genéticamente individuos que comparten el mismo haplogrupo.

Haplotipo – Combinatoria concreta de alelos de marcadores genéticos localizados en un mismo fragmento cromosómico y que se heredan conjuntamente, dado que la probabilidad de recombinación es baja.

Heterozigoto – Individuo que para un determinado locus o secuencia de ADN presenta distintos alelos (es decir, distinta secuencia). Esto implica que ha heredado de padre y de madre un alelo distinto.

Homozigoto – Individuo que para un determinado locus o secuencia de ADN presenta el mismo alelo (es decir, la misma secuencia) en ambos cromosomas homólogos.

Huella genética – (en inglés, *DNA fingerprint*) Actualmente, este término se utiliza para denominar el genotipo específico de un individuo para varios loci polimórficos, pero dado que se acuñó cuando las técnicas de genotipado más antiguas obtenían un patrón de bandas diferencial, puede referirse específicamente a ese tipo de patrón.

Inclusión – Término forense que implica que un determinado genotipo coincide con la prueba obtenida (en pruebas de identificación genética) o del resultado esperado (en pruebas de paternidad).

Locus (en plural, loci) – Término del latín para indicar un lugar o posición específica en un cromosoma.

Kilobase (kb) – Literalmente, 1.000 bases, aunque normalmente se trate de 1.000 pares de bases (1.000 bases de una cadena doble de ADN).

Marcadores genéticos – Secuencias polimórficas (con varios alelos posibles) de ADN. Se usan para genotipar y diferenciar individuos y/o cromosomas. Los marcadores genéticos no afectan a las características del individuo.

Megabase (Mb) – Literalmente, 1.000.000 de bases, aunque normalmente se trate de 1.000.000 de pares de bases (1.000.000 de bases de una cadena doble de ADN).

Meiosis – División celular en que se produce reducción del número de cromosomas, de forma que las células resultantes sólo tienen la mitad de cromosomas, uno de cada par de cromosomas homólogos. En los organismos de reproducción sexual, la meiosis ocurre durante la generación en las células gaméticas, óvulos y espermatozoides. La división celular en que la información genética y el número de cromosomas se mantiene se denomina mitosis.

Minisatélite – Secuencia de ADN que tiene repeticiones en tándem, de una longitud mayor de 10 nucleótidos. Normalmente, no codifica para ninguna proteína, y suele estar alojada en regiones no codificantes. Son secuencias muy polimórficas y presentan numerosos alelos, con lo que la probabilidad de que dos individuos determinados compartan el mismo genotipo es relativamente baja.

Microsatélite – Secuencia de ADN que tiene repeticiones en tándem, de una longitud menor de 10 nucleótidos. Aunque usualmente esa secuencia no codifica para ninguna proteína, se encuentra dispersa por el genoma, dentro o fuera de genes. Son secuencias muy polimórficas y presentan numerosos alelos, con lo que la probabilidad de que dos individuos concretos compartan el mismo genotipo es relativamente baja.

Mitocondria – Orgánulos celulares responsables de la producción de energía en la célula mediante el proceso de respiración celular.

Multiloci – Sonda que permite hibridar varias regiones polimórficas (distintos alelos) concomitantemente, produciendo un patrón de bandas múltiple, muy poco probable de ser compartido por otro individuo, con lo que se puede considerar específico (ver huella genética). La estadística para calcular la probabilidad de compartir genotipo es considerablemente compleja, por lo que a pesar de ofrecer resultados espectaculares en los inicios de la aplicación del ADN forense ha devenido una técnica obsoleta.

Mutación – (del latín *mutare*) Cambio en la secuencia del ADN.

PCR – (siglas en inglés de *Polymerase Chain Reaction*, reacción en cadena de la polimerasa). Reacción química realizada in vitro, en la que una polimerasa amplifica específicamente una secuencia de ADN de forma geométrica (millones de veces), a partir de un ADN inicial (llamado molde), cebadores específicos y nucleótidos. Permite partir de cantidades infinitesimales de ADN obtenido de muestras biológicas, como sangre, semen, saliva, huesos...

Población – Conjunto de alelos, genes, crosomomas o individuos que pueden ser analizados y estudiados genéticamente y/o estadísticamente.

Polimorfismo – (adjetivo, polimórfico) Secuencia variable de ADN en una población, es decir, que presenta diversos alelos. Los polimorfismos se deben a mutaciones o cambios en la secuencia de ADN.

RFLP – (siglas en inglés de *Restriction Fragment Length Polymorphism*, polimorfismo en la longitud del fragmento de restricción). Marcador genético polimórfico caracterizado por alelos que se pueden distinguir mediante la digestión del ADN con un enzima de restricción que reconoce una secuencia (o diana) concreta. Normalmente la mutación afecta la secuencia diana y, por ello, la digestión o no del enzima permite reconocer uno u otro alelo.

Sonda – Fragmento de ADN de una sola cadena que puede hibridar (aparearse) cuando encuentra un ADN monocatenario complementario (consultar ácido desoxirribonucleico).

Southern, transferencia de – (en inglés, *Southern blot*) Técnica en que el ADN (normalmente, digerido previamente con enzimas de restricción) ha sido separado electroforéticamente y transferido a una membrana. El ADN es desnaturalizado y se hibrida con sondas marcadas, que sólo se aparearán con secuencias complementarias, proporcionando un patrón detectable y analizable.

STR – (siglas en inglés de *Short Tandem Repeat*) Repetición en tándem de una secuencia de ADN pequeña (ver microsatélite).

Taq polimerasa – Enzima capaz de polimerizar ADN a partir de un ADN molde, nucleótidos y cebadores, en una reacción de PCR. El enzima es resistente a altas temperaturas ya que procede de bacterias termoresistentes que habitan regiones de agua termal (*Thermophilus aquaticus*).

Unilocus – Sonda que permite hibridar una única región o locus polimórfico (distintos alelos), produciendo un patrón de una banda (homozigoto) o dos bandas (heterozigoto) por individuo.

VNTR – (siglas en inglés de Variable Nucleotide Tandem Repeat) Repetición en tándem de un número variable de nucleótidos (ver minisatélite).

BIBLIOGRAFÍA

I. EQUIPAJE GENÉTICO BÁSICO PARA UN AVENTURERO FORENSE. APARTADOS 1-4

VII. MANUAL DEL GENETISTA FORENSE. APARTADOS 25-32

LIBROS DE TEXTO
- Strachan T, Read A (2003). *Human Molecular Genetics*, 3rd Edition. Bios. Garland Science.
- Jobling MA, Hurles ME, Tyler-Smith C (2004). *Human Evolutionary Genetics. Origins, People & Disease.* Garland Science.

WEB
(Basta con navegar por la red con las palabras: *DNA forensics*, para conectar con múltiples direcciones. Entre ellas, por su claridad, se pueden destacar las siguientes:

- http://www.ornl.gov/sci/techresources/Human_Genome/elsi/forensics.shtml
- http://www.scientific.org/tutorials/articles/riley/riley.html
- http://www.cstl.nist.gov/div831/strbase/
- http://en.wikipedia.org/wiki/DNA_profiling
- http://www.cstl.nist.gov/div831/strbase/fbicore.htm
- http://www.isfg.org/EDNAP
- http://www.enfsi.eu/

y para practicar en un laboratorio virtual:

- http://www.cybertory.org/exercises/forensics/paternity.html

- http://www.cybertory.org/exercises/forensics/forensics.html
- http://www.biology.arizona.edu/human_bio/problem_sets/DNA_forensics_1/DNA_forensics.html
- http://www.biology.arizona.edu/human_bio/problem_sets/DNA_forensics_2/DNA_forensics.html
- http://www.sumanasinc.com/webcontent/animations/content/paternitytesting.html

II. DE ASESINOS Y ACCIDENTES. APARTADOS 5-9

- Weir BS (1995). «DNA statistics in the Simpson matter». *Nat Genet.* 11:365-368.
- «If I did it: The quasi-confession of O.J. Simpson» Newsweek, 22 Enero 2007 (pp.48-49).
- Olaisen B, Stenersen M, Mevag B (1996) Identification by DNA analysis of the victims of the August 1996 Spitsbergen civil aircraft disaster. *Nat Genet.* 15:402-405.
- Biesecker LG, Bailey-Wilson JE, Ballantyne J et al (2005). «DNA identifications after the 9/11 World Trade Center Attack.» *Science* 310:1122-1123.

WEB

- http://www.law.umkc.edu/faculty/projects/ftrials/Simpson/Evidence.html
- http://www.law.umkc.edu/faculty/projects/ftrials/Simpson/simpson.html
- http://en.wikipedia.org/wiki/O._J._Simpson_muder_case
- http://www.bbc.co.uk/crimewatch/howtheycaught/leeds_strangler/index.shtml
- http://news.bbc.co.uk/1/hi/england/2116337.stm
- http://news.bbc.co.uk/2/low/uk_news/england/2116228.stm
- http://en.wikipedia.org/wiki/Robert_Pickton
- http://www.missingpeople.net/robert_pickton.htm
- http://www.ojp.usdoj.gov/nij/
- http://www.ojp.usdoj.gov/nij/journals/256/lessons-learned.html
- http://www.ncjrs.gov/pdffiles1/nij/jr000256f.pdf

III. DE MOMIAS, REYES Y ZARES. Apartados 10-12

- «The search for Egypt's lost Queen Hatshepsut.» *Applied Biosystems innovations.* Issue 5, October 2007.
- Gill P, Ivanov PL, Kimpton C et al. (1994) «Identification of the remains of the Romanov family by DNA analysis.» *Nat Genet.* 6:130-135.
- Stoneking M, Melton T, Nott J et al. (1995) «Establishing the identity of Anna Anderson Manahan.» *Nat Genet.* 9:9-10.
- Ivanov PL, Vladhams MJ, Roby RK et al. (1996). «Mitochondrial DNA sequence heteroplasmy in the Grand Duke of Russia Georgij Romanov establishes the authenticity of the remains of the Tsar Nicholas II.» *Nat Genet.* 12:417-420.
- Stone R. (2004) DNA forensics. «Buried, recovered, lost again? The Romanovs may never rest.» *Science* 303:753.
- Hofrelter M et al.; Gill P, Hagelberg E; Knight A et al. (2004) «Ongoing controvery over Romanov remains.» *Science* 306:407-410 (Letters).
- Rogaev EI, Grigorenko AP, Moliaka YK et al. (2009) «Genomic identification in the historical case of the Nicholas II royal family.» *Proc Natl Acad Sci USA* (27th Feb, ahead of print). DOI:0811190106.

WEB

- http://www.westinghousenuclear.com/docs/e3e_weedn.pdf
- http://www.shodor.org/succeed-1.0/forensic/romanov.html
- http://www.usatoday.com/news/topstories/2008-04-30-3081179101_x.htm
- http://www.poblet-pviana.com/
- http:// www.proyectoadncolon.com
- http://news.bbc.co.uk/hi/spanish/science/newsid_4185000/4185431.stm
- http://news.bbc.co.uk/hi/spanish/science/newsid_4609000/4609602.stm

IV. EL PASADO REVISITADO. Apartados 13-16

- Torroni A, Achilli A, Macaulay V, Richards M, Bandelt H-J. (2006) «Harvesting the fruir of the human mtDNA tree.» *Trends in Genet.* 22:339-345.
- Garrigan D, Hammer MF. 2006. «Reconstructing human origins in the genomic era.» *Nat Genet* 7:669-680.

- Zalloua PA, Xue Y, Kalife J et al. (2008) «Y-chromosome diversity in Lebanon is structured by recent historical events.» *Am J Hum Genet* 82:873-882.
- Zalloua PA, Platt DE, El Sibai M et al. (2008) «Identifying genetic traces of historial expansions: phoenician footprints in the Mediterranean.» *Am J Hum Genet* 83:633-642.

WEB

- http://www.egyptologyblog.co.uk/2007/06/28.html
- http://archive.southcoasttoday.com/daily/03-97/03-09-97/a09wn056.htm
- http://www.rn-ds-partnership.com/reconstruction/cheddarman.html
- http://www.cheddarsomerset.co.uk/History/cheddar%20History.htm
- https://genographic.nationalgeographic.com/genographic/index.html
- http://mathildasanthropologyblog.wordpress.com/

V. DE VINOS Y LINAJES. APARTADOS 17-20

- Bowers JE, Meredith CP. (1997) «The parentage of a classic wine grape, Cabernet Sauvignon.» *Nat Genet.* 16:84-87.
- Bowers JE, Boursiquot J-M, This P et al. (1999) «Historical genetics: the parentage of Chardonnay, Gamay, and other wine grapes of Northeastern France.» *Science* 285:1562-1565.
- Nsubuga AM, Robbins MM, boesch C, Vigilant L (2008) «Patterns of paternity and group fission in wild multimale mountain gorilla groups.» *Am J Phys Anthropol* 135:263-274.
- Yost J, Burke T. (2007) «Veterinary forensics: animals curtailing crime.» *The FBI Law Enforcement Bulletin*, Oct 2007.
- Menotti-Raymond MA, David VA, O'Brien SJ (1997). «Pet cat hair implicates murder suspect.» *Nature* 386:774.

WEB

- http://www.vgl.ucdavis.edu/forensics/success.php
- http://www.kxxv.com/Global/story.asp?S=7833567
- http://www.livescience.com/strangenews/070531_ap_animal_csi.html

VI. LA ERA DE LA INFORMACIÓN. Apartados 21-24.

– Bolnick DA, Fullwiley D, Duster T et al. (2007) «The science and business of genetic ancestry testing.» *Science* 318:399-340.
– Frudakis T (2008). «The legitimacy of genetic ancestry tests.» *Science* 319:1039. And response by Bolnick DA, Fullwiley D, Marks J et al., *Science* 319:1039-1040.
– Martínez-González LJ, Lorente JA, Martínez-Espín E et al. (2007) «Intentional mixed buccal cell reference sample in a paternity case». *J Forensic Sci.* 52:397-399.
– Carracedo A, Casado M, Gonzàlez-Duarte R (coord.) 2006. *Documento sobre pruebas genéticas de filiación* (catalán, castellano, inglés, disponibles en pdf). Observatori de Bioètica i Dret, Parc Científic de Barcelona.
– BOE número 233, Jueves 28 de Septiembre 2000. Resolución 17490 (Ministerio del Interior)
– Guillén Vázquez, Margarita. 2004. Bases de datos de ADN con fines de investigación penal. Especial referencia al derecho comparado.

WEB

– http://www.ornl.gov/sci/techresources/Human_Genome/elsi/human-migration.shtml
– https://genographic.nationalgeographic.com/genographic/index.html
– http://en.wikipedia.org/wiki/CSI_Effect
– http://papers.ssrn.com/sol3/papers.cfm?abstract_id=1023258
– http://news.bbc.co.uk/1/hi/sci/tech/4284335.stm
– http://www.mir.es/gl/DGRIS/Notas_Prensa/Ministerio_Interior/2005/np122601.htm
– http://www.mir.es/eu/DGRIS/Notas_Prensa/Policia/2007/np110901.html
– http://www.boe.es/aeboe/consultas/bases_datos/doc.php?coleccion=iberlex&id=2008/19992

.

www.ingramcontent.com/pod-product-compliance
Lightning Source LLC
Chambersburg PA
CBHW071904200326
41519CB00016B/4502